# 日式幼儿园

## 设 计 案 例 精 选

[日] 仙田满 著 [日] 藤塚光政 摄影 陈慧琳 译

中国 · 武汉

# 前言　仙田满

在儿童的成长发育阶段中，幼儿阶段至关重要。

50年前我参与设计“国立儿童王国”，自此开始关注和研究儿童游戏环境、成长教育环境，但很长时间都是围绕小学学龄儿童展开的。

1972年，我设计的野中保育园“野中小恐龙”项目竣工，彼时我萌生了设计幼儿空间的念头，但我真正认识到幼儿空间设计的重要性，却是在那之后的25年。2000年前后，我着手设计了报德幼儿园和悠悠森林幼保园，从那时起我对幼儿空间设计的热情开始高涨。

2001年,《幼儿环境设计》一书由世界文化社出版。书中介绍了“游环结构”理论，这是创建儿童成长教育环境的基本理论，但书中未能充分说明这一理论的具体应用。近15年来，我参与了许多例幼儿园、保育园、认定幼保园[1]的规划与设计工作。早在1983年左右，我就提出了游环结构理论，近年才得以将其运用到幼儿园、保育园等具体的教育、保育建筑空间中去。

本书从这些实践成果中挑选出最具代表性的30则案例结集出版，以简短的文字说明和照片形式呈现。本书中出现的保育园、幼儿园各自有着不同的保育、教育理念，但基于游环结构理论的空间设计，我们以灵活多变的方式对其进行了演绎和诠释。

本书由本人与摄影家藤塚光政合作完成。我们的设计原理——游环结构理论，体现在每一个建筑空间内，体现在这些建筑空间里鲜活真实的孩子们身上，而这些都将借由藤塚先生的照片呈现给每一位读者。

1 认定幼保园是针对小学学龄前儿童开设的、综合了保育园和幼儿园功能的一体化设施，于2006年10月开始正式在日本全国推行，旨在解决学龄前儿童托管和教育难问题。

# 目录

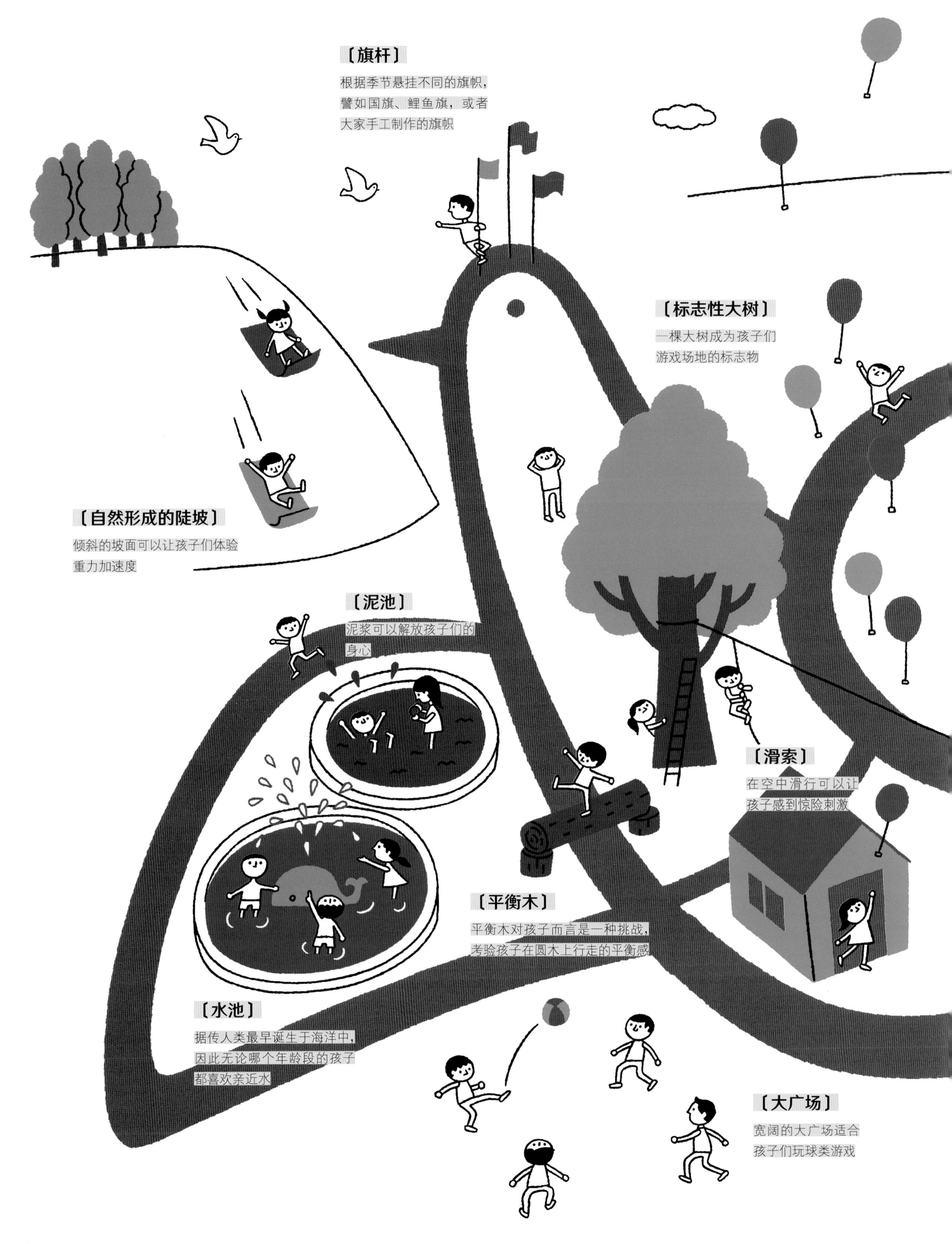
〔旗杆〕
根据季节悬挂不同的旗帜，
譬如国旗、鲤鱼旗，或者
大家手工制作的旗帜
〔标志性大树〕
一棵大树成为孩子们
游戏场地的标志物
〔自然形成的陡坡〕
倾斜的坡面可以让孩子们体验
重力加速度
〔泥池〕
泥浆可以解放孩子们的
身心
〔滑索〕
在空中滑行可以让
孩子感到惊险刺激
〔平衡木〕
平衡木对孩子而言是一种挑战，
考验孩子在圆木上行走的平衡感
〔水池〕
据传人类最早诞生于海洋中，
因此无论哪个年龄段的孩子
都喜欢亲近水
〔大广场〕
宽阔的大广场适合
孩子们玩球类游戏

# “游环结构”激发孩子们的无限活力

除了吃饭与睡觉，孩子的主要任务就是玩。

游环结构，是指一种环状的游戏空间，其中囊括各类游戏要素，旨在唤醒孩子的游戏天性。

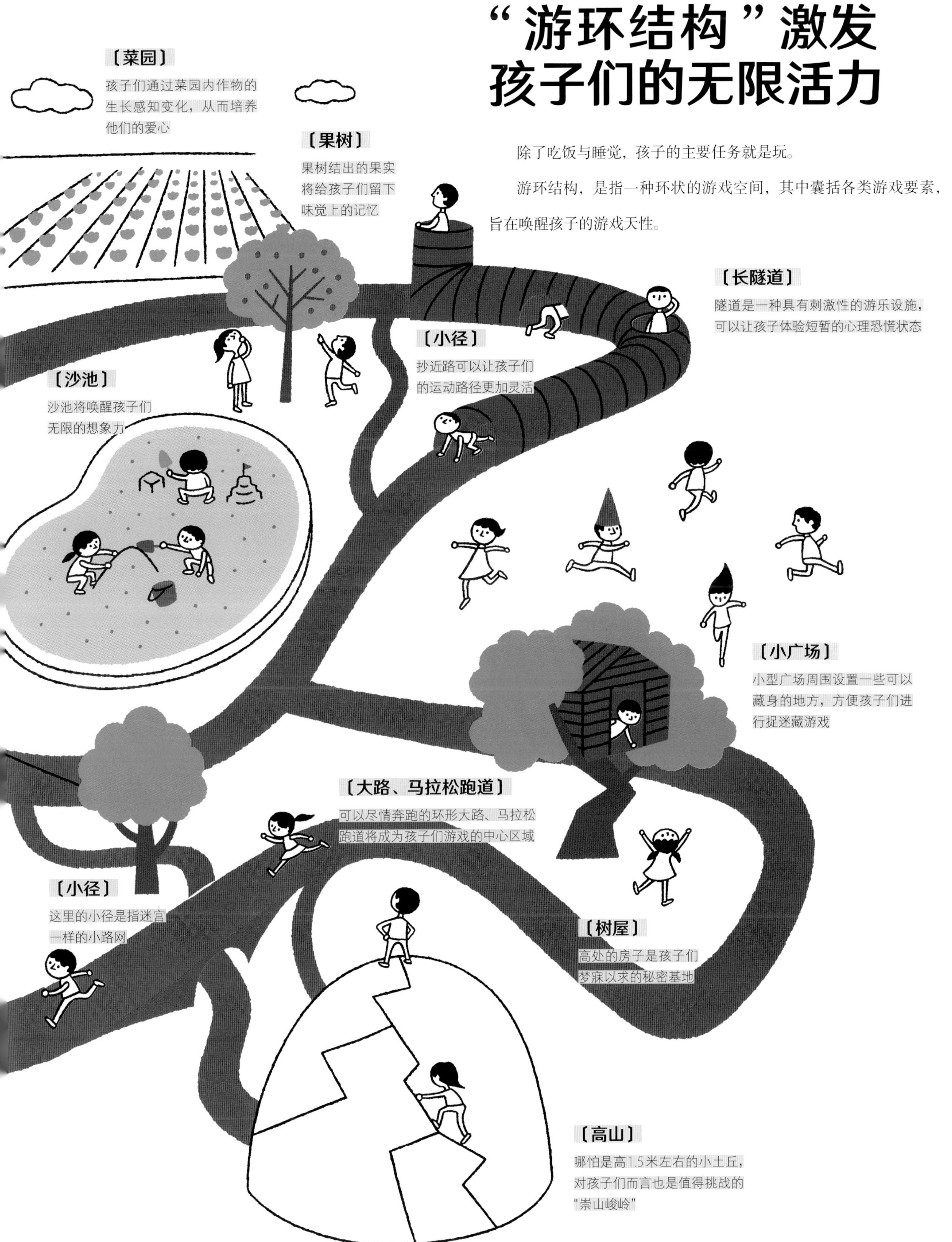

## <本书结构及术语解释>

本书从仙田满率领环境设计研究所倾情设计的园庭、园舍中精心挑选出30例，以实景照片和建筑图纸相结合的方式为读者一一呈现。贯穿全书的基本理念是“游环结构”，指的是一种具有循环动线的庭园、园舍空间结构，孩子们可以在里面尽情游戏和奔跑。这种空间结构用灵活的方式将各个建筑、各个房间，以及建筑内部和外部有机地衔接了起来。其最明显的特征是大量运用回廊、木制露台、室内悬空走廊、移动式隔断，甚至是打通上下两层的大型游乐设施或滑梯等，通过各种各样的动线将各个空间关联起来。

如本书第4～5页所示，园庭的设计大多配合利用周边环境和地形，同时增设隧道、平衡木、标志树等各类要素，以唤起孩子们的游戏天性，共同构成园庭内的“游环结构”。读者可以通过本书中的各类建筑图纸感受这一结构的实际应用。

## [案例介绍的首页]

每一则案例介绍的首页上方均设置了五个标签，分别为“该园种类”“竣工年份”“园地面积”“游环结构（园舍）”“游环结构（园庭）”，让读者能够对该园的特征一目了然。

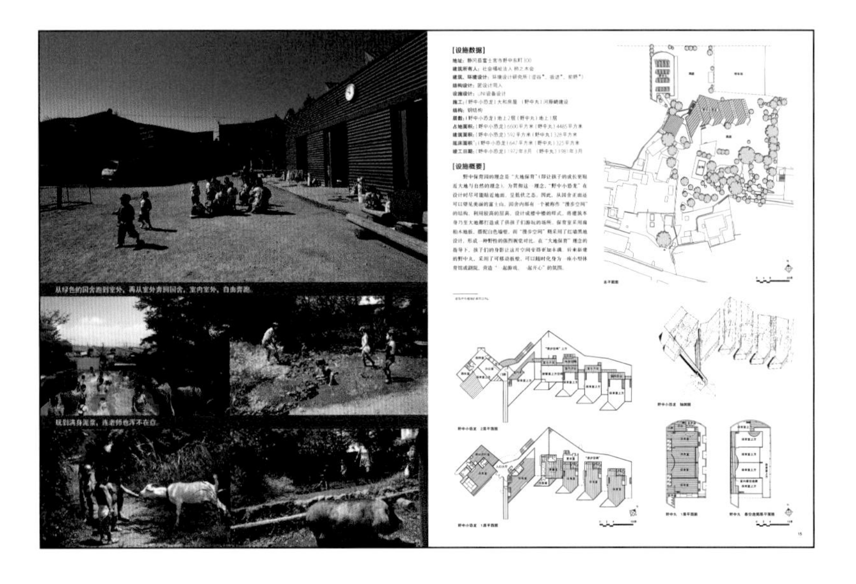

## [图纸种类相关术语]

**总平面图**
标示出了园内（含周边）各个建筑的位置关系、园庭平面布局、绿化位置等，可以看出园的整体情况以及选址情况。

**平面图**
标示出了每一幢园舍的房间布局、游乐设备位置、游环结构水平布局，以及室外最上层的跑道和室外绿化布局。

**剖面图**
假想将建筑物按垂直方向剖开所展示的图示，标示出了多层园舍的结构、纵向立体动线和游环结构立体布局等。

**轴测图、等角图**
建筑物的侧方投影图。

## [建筑结构相关术语]

**钢结构建筑（S结构）**
建筑物的主要承重构件为钢材，特点是自重轻。

**钢混结构建筑（RC结构）**
建筑物以钢筋为骨架、浇注混凝土，这种建筑体结合了钢筋和混凝土各自的优势，优劣互补，因而被广泛用于住宅乃至大楼建筑中。

**木结构建筑（W结构）**
建筑物的柱子、房梁等主要承重构件为木材。

**型钢混凝土建筑（SRC结构）**
建筑物由型钢与钢筋混凝土组合而成，多用于大型建筑。幼儿园、保育园建筑中较少见。

带*的人名是环境设计研究所的原成员。

# 野中保育园

静冈县富士宫市野中

| 该园种类 | 竣工年份 | 园地面积 | 游环结构（园舍） | 游环结构（园庭） |
| --- | --- | --- | --- | --- |
| 保育园 | 1972年、1981年 | 5000平方米以上 | 内环结构 | 环状园庭型 |

墨绿色的“野中小恐龙”横卧在富士山脚下。这里将成为孩子们心中永远纯洁的回忆。

“小恐龙”的肚子里面是一片赤红的世界，激发出孩子们无穷的活力。

在室外画画，画作也更加舒展飞扬。孩子们眼里没有所谓的“建筑”，这里就是他们自由玩耍的地方。

在阳光下与好朋友玩闹说笑。遍地的石子、明亮的窗户、远处的风景，都在日光下熠熠生辉。

从绿色的园舍跑到室外，再从室外奔回园舍，室内室外，自由奔跑。

玩到满身泥浆，连老师也浑不在意。

## [设施数据]

**地址：** 静冈县富士宫市野中东町300
**建筑所有人：** 社会福祉法人 柿之木会
**建筑、环境设计：** 环境设计研究所（涩谷*、坂诘*、前野*）
**结构设计：** 团设计同人
**设施设计：** UNI设备设计
**施工：**（野中小恐龙）大和房屋 （野中丸）河原崎建设
**结构：** 钢结构
**层数：**（野中小恐龙）地上2层（野中丸）地上1层
**占地面积：**（野中小恐龙）6600平方米（野中丸）4485平方米
**建地面积：**（野中小恐龙）592平方米（野中丸）328平方米
**延床面积**[1]**：**（野中小恐龙）647平方米（野中丸）325平方米
**竣工日期：**（野中小恐龙）1972年8月 （野中丸）1981年3月

## [设施概要]

野中保育园的理念是"大地保育"(即让孩子的成长更贴近大地与自然的理念)。为贯彻这一理念，"野中小恐龙"在设计时尽可能贴近地面，呈低伏之态。因此，从园舍正面还可以望见美丽的富士山。园舍内部有一个被称作"漫步空间"的结构，利用较高的层高，设计成楼中楼的样式，将建筑本身乃至大地都打造成了供孩子们游玩的场所。保育室采用扁柏木地板，搭配白色墙壁，而"漫步空间"则采用了红墙黑地设计，形成一种野性的强烈视觉对比。在"大地保育"理念的指导下，孩子们的身影让这片空间变得更加丰满。后来新建的野中丸，采用了可移动板壁，可以随时化身为一座小型体育馆或剧院，营造"一起游戏、一起开心"的氛围。

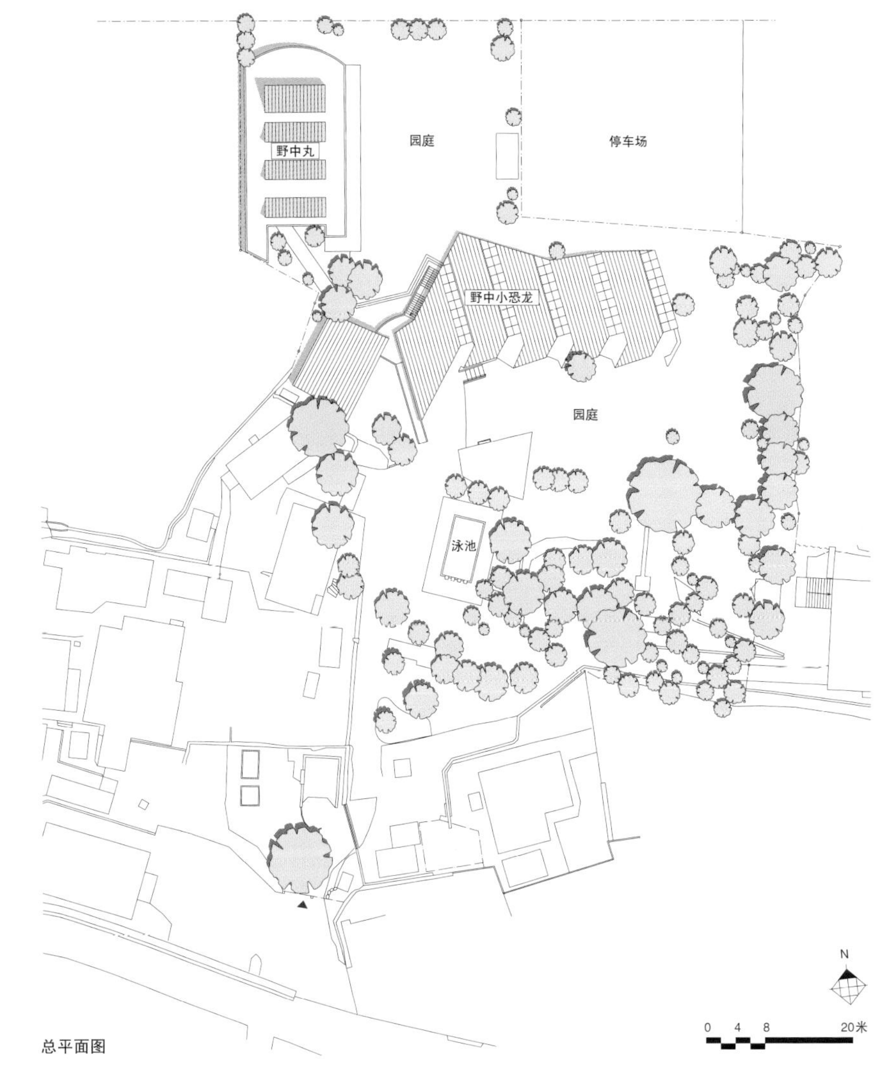

总平面图

1 建筑所有楼层的面积总和。

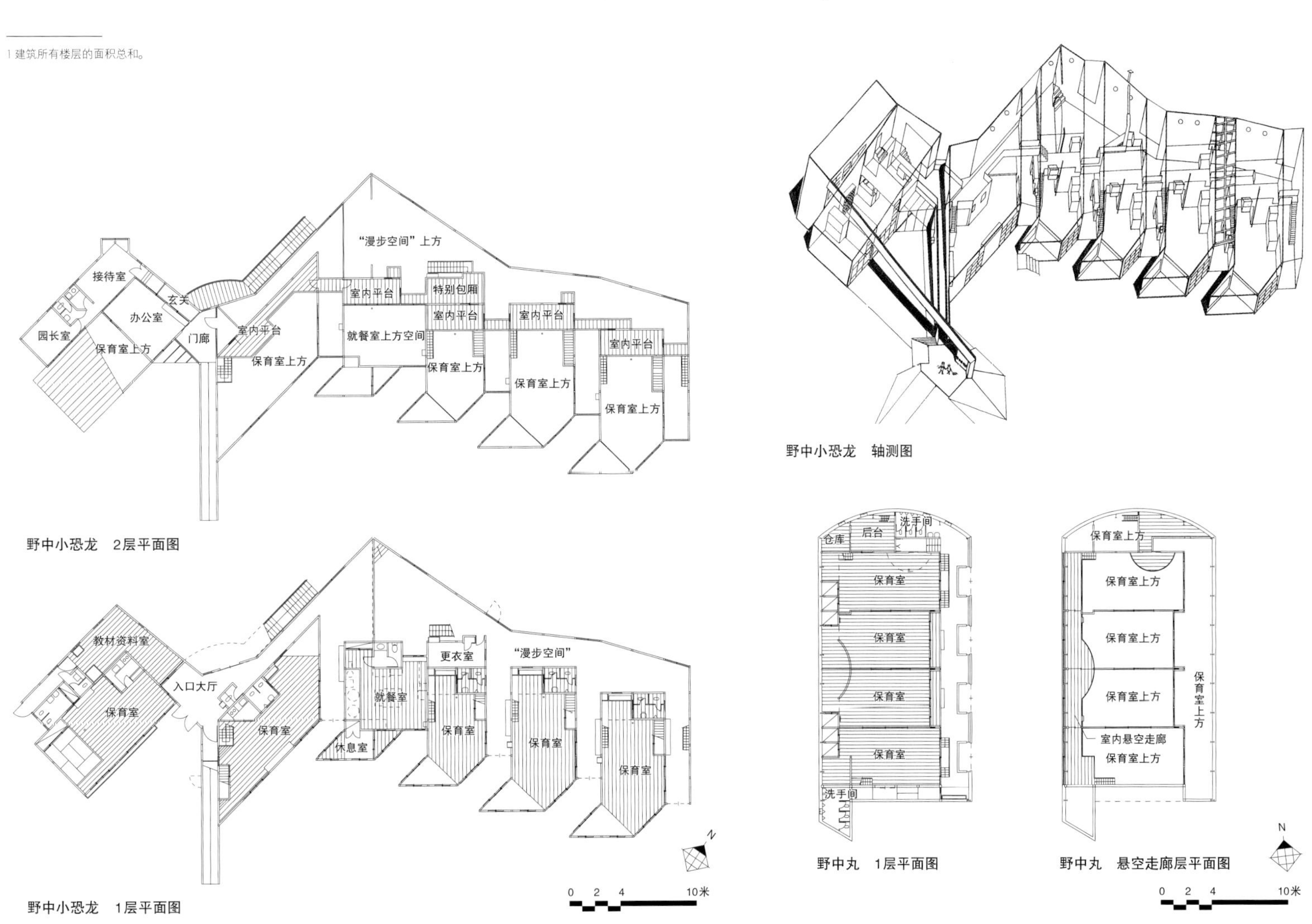

野中小恐龙 轴测图

野中小恐龙 2层平面图

野中小恐龙 1层平面图

野中丸 1层平面图

野中丸 悬空走廊层平面图

# 椙山女子学园大学附属幼儿园、保育园

爱知县名古屋市千种区山添町

| 该园种类 | 竣工年份 | 园地面积 | 游环结构（园舍） | 游环结构（园庭） |
| --- | --- | --- | --- | --- |
| 幼儿园+保育园 | 2014年 | 2500 ~ 5000平方米 | 内外环结合型 | 园舍、园庭融合型 |

2层的3～5岁保育室采取外廊式结构，每间保育室都有独立玄关，家长孩子可以一起开开心心走楼梯上学、放学。

屋顶菜园里种着番薯，旁边就是百米跑道，孩子们可以尽情跑、跑、跑！

园舍之间的大阶梯也好，各处的走廊也好，都是孩子们互相交流的场所。

园内各处皆可游戏，所以哪怕是下雨天也可以拥有快乐时光。大楼梯瞬间可以变成大舞台。

林间观众席、林间天桥、林间攀岩墙，让孩子们在绿色的风中茁壮成长。

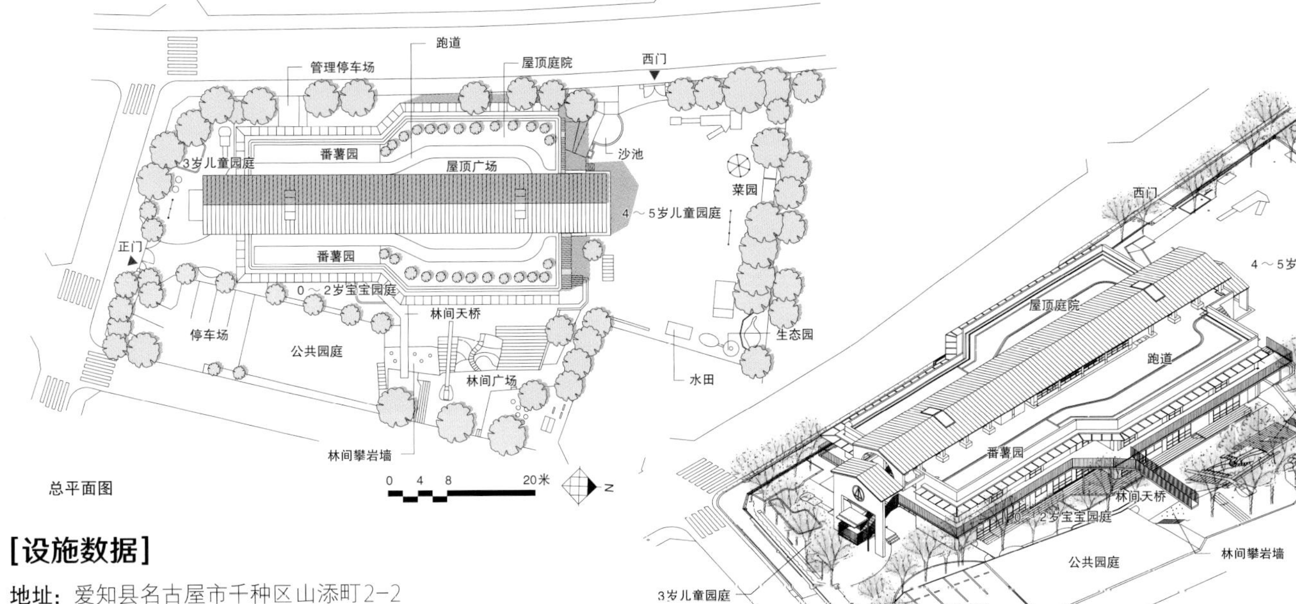


总平面图

等角图

## [设施数据]

**地址：**爱知县名古屋市千种区山添町2-2

**建筑所有人：**学校法人　椙山女子学园

**建筑、环境设计：**环境设计研究所（浅井、中川、仙田考*）

**结构设计：**金箱构造设计事务所

**设施设计：**ZO设计室

**施工：**清水建设

**游乐设备：**冈部

**结构：**钢混结构、部分钢结构

**层数：**地上3层

**占地面积：**3486平方米

**建筑面积：**1122平方米

**延床面积：**2201平方米

**竣工日期：**2014年3月

## [设施概要]

本园位于名古屋市东北部，是对原椙山女子学园大学附属幼儿园进行翻新改建而成。椙山女子学园大学山添校区是一片综合性的学区，北面是附属小学，南面是初高中，本园则位于中间。为配合学区幼小初高一体化的地理布局，园舍呈南北走向，以实现空间和视觉上的连贯性。

园舍东西两侧为保育室，中央的中庭是广场型游戏室，游环结构可以更好地配合孩子们的活动，促进不同年龄段的交流和运动。中庭的网状游乐设备，保证了孩子们即使在下雨天也可以在室内尽兴游戏。0～2岁保育功能区主要集中在1层，并设有独立玄关。幼儿园功能区则设在了2层，通过外围的楼梯和斜坡直接上学放学。园内根据孩子们的年龄，分开配备有0～2岁宝宝园庭、3岁儿童园庭、4～5岁儿童园庭。园庭内尽可能地保留了原有的树木，同时开辟屋顶庭院等区域，让孩子们有更多机会以多样的方式接触自然。

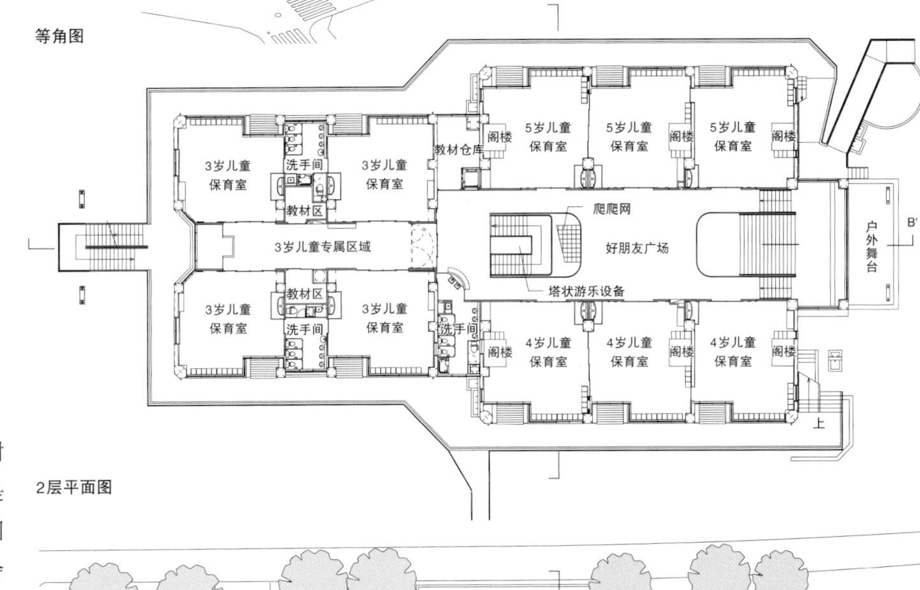


2层平面图

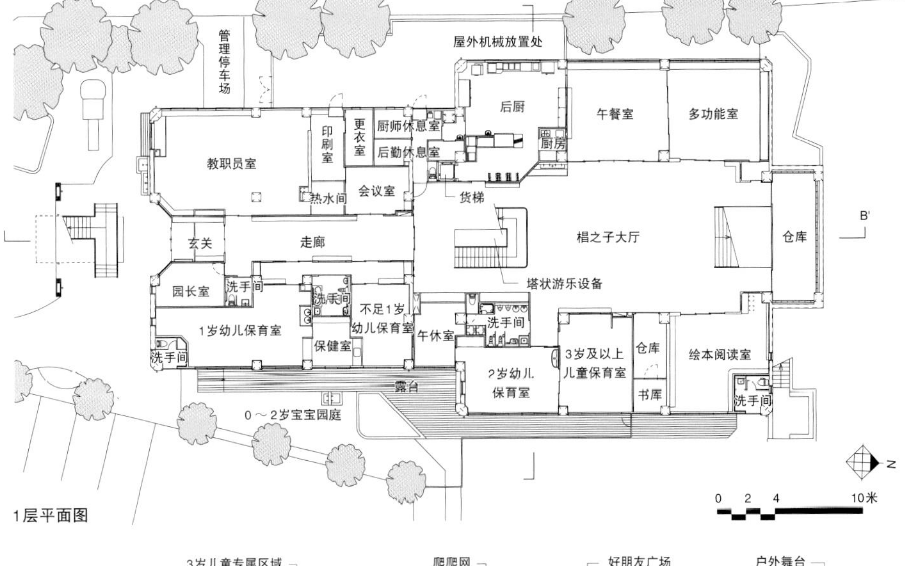


1层平面图

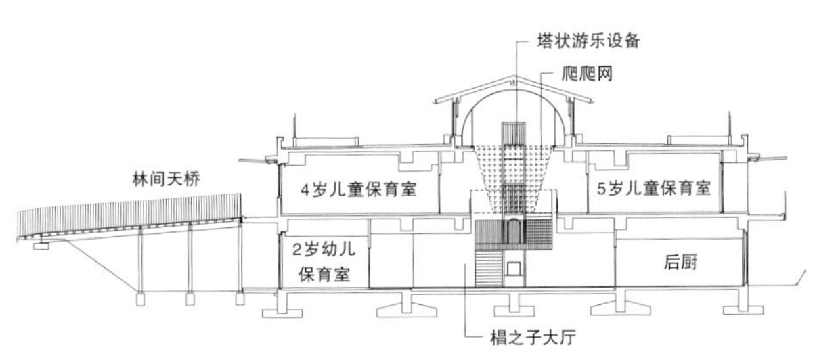


A-A' 剖面图

3岁儿童专属区域　爬爬网　好朋友广场　户外舞台

仓库

塔状游乐设备　椙之子大厅　巧借地势高低建造的大楼梯

0 2 4 10米

B-B' 剖面图

# 认定幼保园　绿之诗保育园

埼玉县北本市深井

| 该园种类 | 竣工年份 | 园地面积 | 游环结构（园舍） | 游环结构（园庭） |
|---|---|---|---|---|
| 认定幼保园 | 2011年 | 2500～5000平方米 | 内环结构 | 环状园庭型 |

小小的土丘，平坦的跑道，高大的树木，守护着孩子自由成长。

在园庭的草坪上，孩子们自由自在地做着体操。一道木制连廊，将室外和室内空间衔接起来。

大型木结构大厅是园舍的点睛之笔。大厅上方环绕着一圈悬空回廊。

满眼皆是木制家具，让孩子们感受着木材的温度而健康成长。

大厅上方的悬空回廊是孩子们的秘密小路。下面的好朋友能否发现自己呢？

小巧的空间和多变的“游环结构”，足以满足孩子们的好奇心和冒险心理。

总平面图

## [设施数据]

**地址：**埼玉县北本市深井3-157
**建筑所有人：**学校法人　若山学园
**建筑、环境设计：**环境设计研究所（浅井、宇佐美、仙田考*、石原*）
**结构设计：**增田建筑构造事务所
**设施设计：**ZO设计室
**施工：**东洋建设
**结构：**木结构
**层数：**地上2层
**占地面积：**2893平方米
**建筑面积：**925平方米
**延床面积：**970平方米
**竣工日期：**2011年3月

## [设施概要]

本园是一所新建的认定幼保园，位于埼玉县北本市，离原本的森之诗幼儿园不远。原址是一片林地，本园在建造时尽可能地保留或移植了原有的树木。

园舍中央是大空间游戏室，周围分别是保育室、办公室、后厨等，游戏室和保育室之间通过悬空回廊和楼梯相连。屋顶铺有太阳能板，保育室西面墙壁进行了绿化处理，园庭内种有草坪，园内各处的节能绿化措施十分完善。

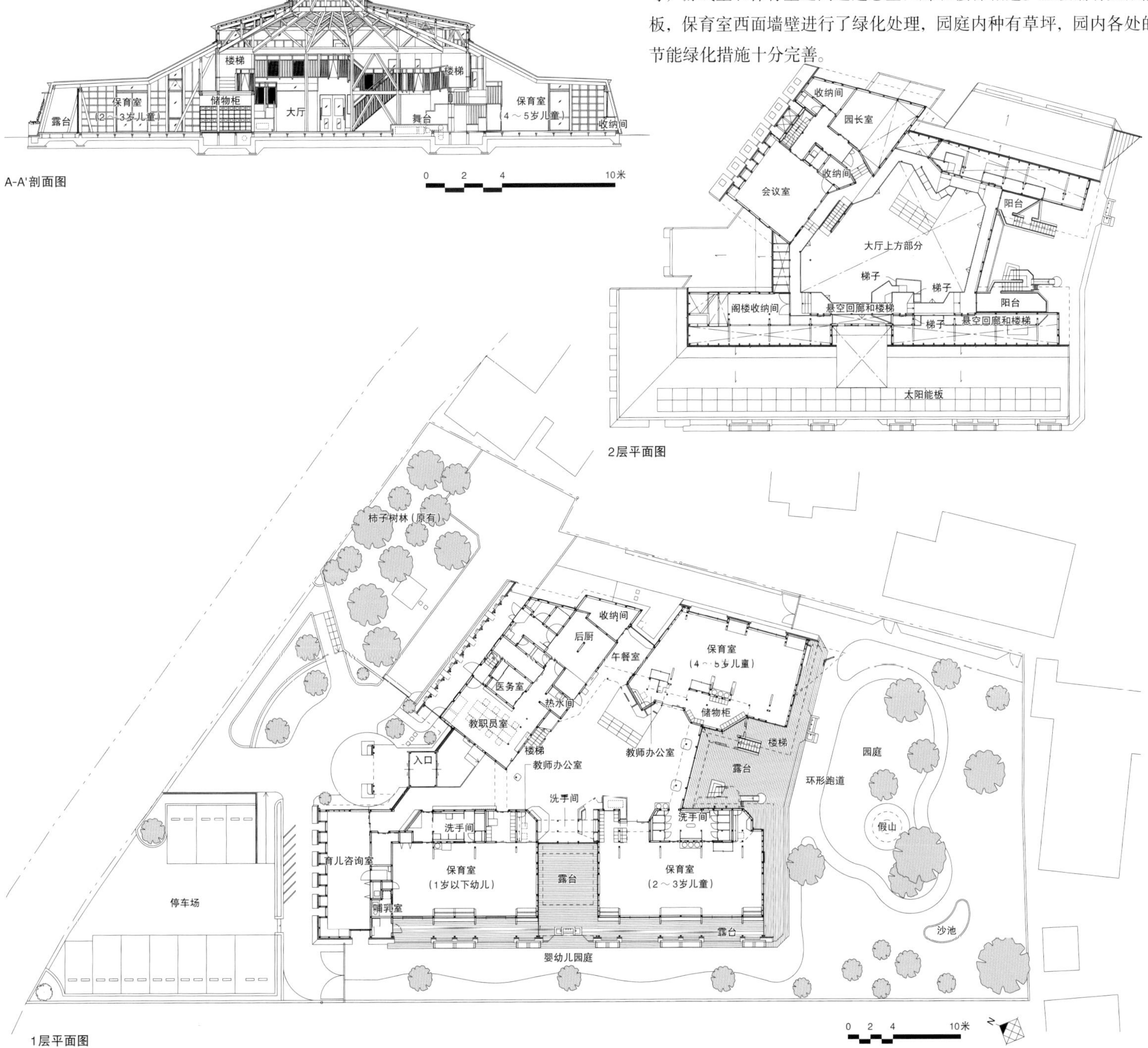


A-A'剖面图

2层平面图

1层平面图

# 港北幼儿园

横滨市都筑区早渕

| 该园种类 | 竣工年份 | 园地面积 | 游环结构（园舍） | 游环结构（园庭） |
|---|---|---|---|---|
| 幼儿园 | 2014年 | 2500～5000平方米 | 外环结构 | 园舍、园庭融合型 |

从游戏室延伸出来的中庭露台是新园舍的中心。室内室外，一目了然。

以中庭为中心，1层和2层都开辟了跑步区域，孩子们可以尽情地奔跑。

游戏室多变的空间结构让孩子们可以一起快乐玩耍。不过，偶尔和好朋友躲进秘密小屋也很不错。

随处可见的小空间，是孩子们一起游戏的好去处。

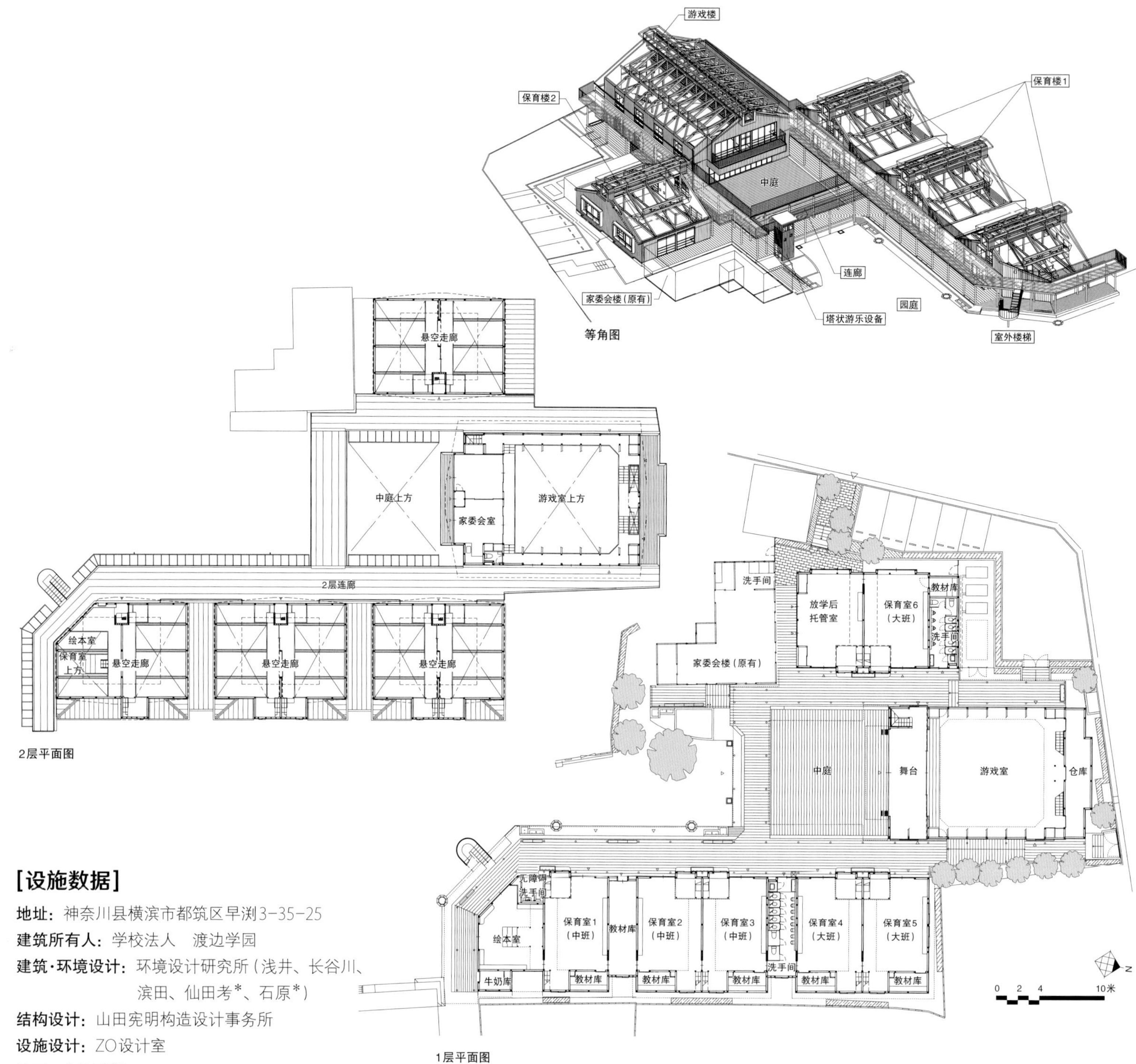


## [设施数据]

**地址：** 神奈川县横滨市都筑区早渕3-35-25

**建筑所有人：** 学校法人　渡边学园

**建筑·环境设计：** 环境设计研究所（浅井、长谷川、滨田、仙田考*、石原*）

**结构设计：** 山田宪明构造设计事务所

**设施设计：** ZO设计室

**施工：** 白石建设

**游乐设备：** 冈部

**结构：** 木结构

**层数：** 地上2层

**占地面积：** 3681平方米

**建筑面积：** 1122平方米

**延床面积：** 996平方米

**竣工日期：** 2014年3月

## [设施概要]

本园是一所幼儿园，位于神奈川县横滨市郊外的住宅区，与环境设计研究所设计的悠悠森林幼保园是姐妹园，是在原有老园舍的基础上进行翻修改建而成的。新园舍为木结构体系。以中庭平台为中心，3栋保育楼（其中1栋为原有的）和1栋游戏楼分列左右，中间通过回廊连接。同时，室外楼梯和塔状游乐设备贯通纵向空间，让孩子可以在园内自由自在地尽情游戏。

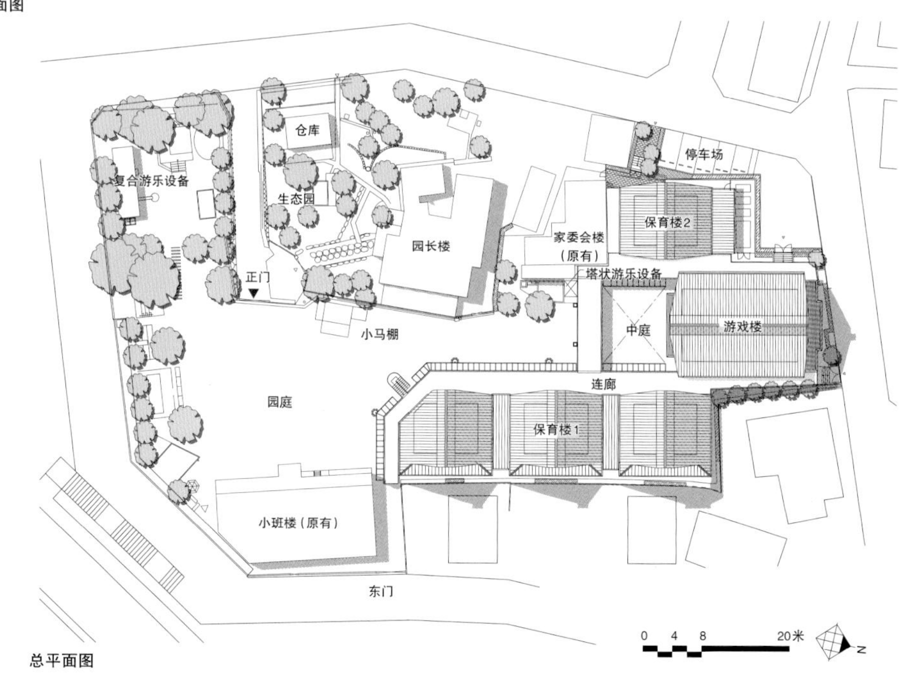

总平面图

# 幼儿园

幼儿园的园庭面积应与班级数量相匹配，园庭布局应结合孩子的成长需要，以保证园庭丰富多样的体验性和挑战性。譬如，高低起伏的假山等设计可以提高孩子的运动机能。此外，幼儿园还有必要配备接送班车，同时确保入口的设计更贴近园庭。

# 昭岛紫堇幼儿园

东京都昭岛市绿町

| 该园种类 | 竣工年份 | 园地面积 | 游环结构（园舍） | 游环结构（园庭） |
| --- | --- | --- | --- | --- |
| 幼儿园 | 2011年 | 2500平方米以下 | 外环结构 | 园舍、园庭融合型 |

这里是一个“孩子村”，每个班级都拥有独立的“红屋顶”，中间通过回廊连接。

大厅屋顶形似一把阳伞，孩子们可以在2层的回廊来回跑动。

或高或低、或宽敞或狭小，任何地方都可以成为孩子们的游乐场。

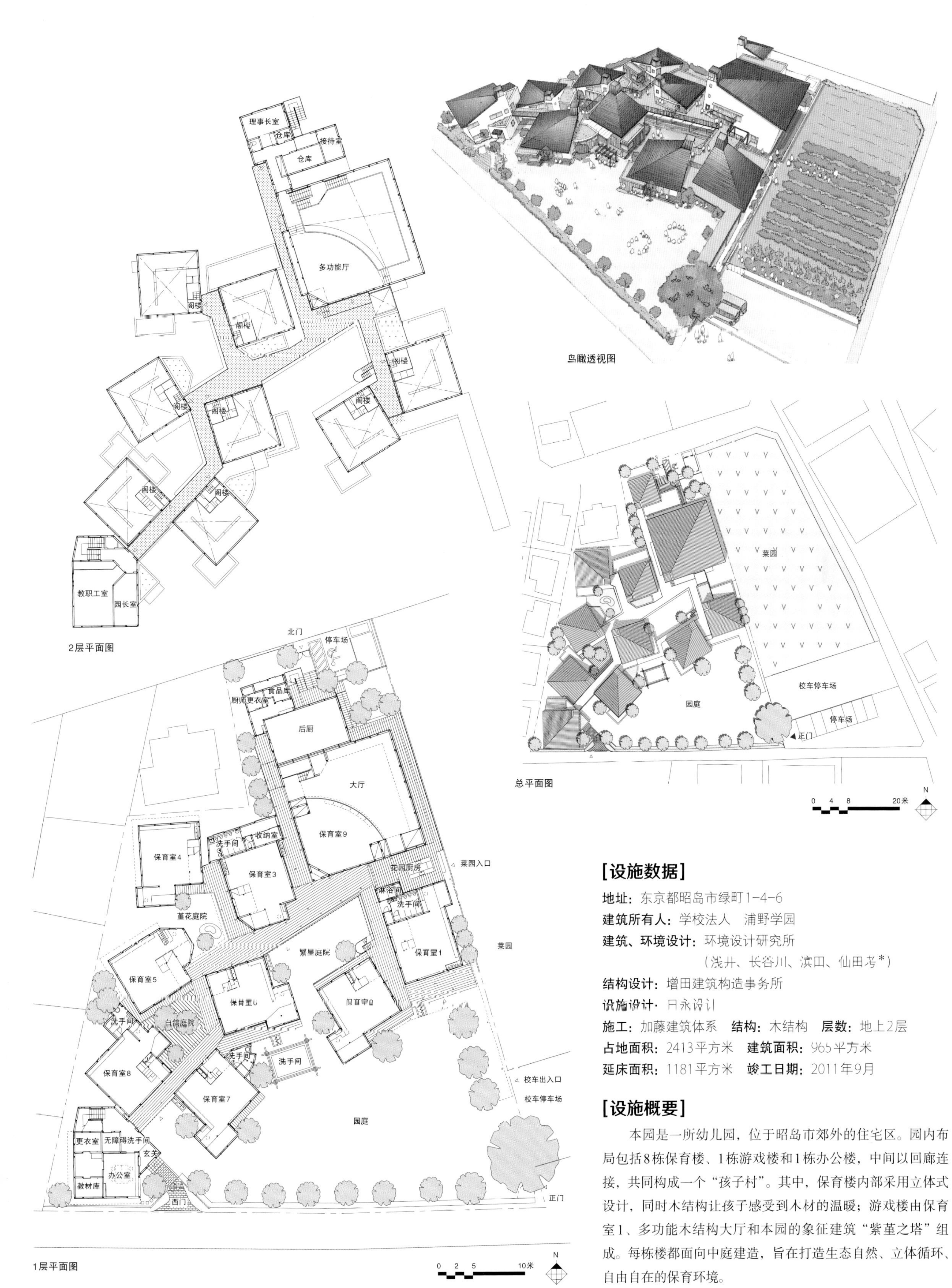


## [设施数据]

**地址：** 东京都昭岛市绿町1-4-6

**建筑所有人：** 学校法人　浦野学园

**建筑、环境设计：** 环境设计研究所

（浅井、长谷川、滨田、仙田考*）

**结构设计：** 增田建筑构造事务所

**设施设计：** 日永设计

**施工：** 加藤建筑体系　**结构：** 木结构　**层数：** 地上2层

**占地面积：** 2413平方米　**建筑面积：** 965平方米

**延床面积：** 1181平方米　**竣工日期：** 2011年9月

## [设施概要]

本园是一所幼儿园，位于昭岛市郊外的住宅区。园内布局包括8栋保育楼、1栋游戏楼和1栋办公楼，中间以回廊连接，共同构成一个“孩子村”。其中，保育楼内部采用立体式设计，同时木结构让孩子感受到木材的温暖；游戏楼由保育室1、多功能木结构大厅和本园的象征建筑“紫堇之塔”组成。每栋楼都面向中庭建造，旨在打造生态自然、立体循环、自由自在的保育环境。

# 胜川幼儿园

爱知县春日井市旭町

| 该园种类 | 竣工年份 | 园地面积 | 游环结构（园舍） | 游环结构（园庭） |
| --- | --- | --- | --- | --- |
| 幼儿园 | 2009年 | 2500平方米以下 | 内环结构 | 园庭广场中心型 |

这棵香樟树，曾是幼儿园的标志，如今它的周围搭建了一圈网，变成了有趣的游乐设备。

玻璃门开启的时候，香樟树仿佛从房子里拔地而起。这里是孩子们最喜欢的地方。

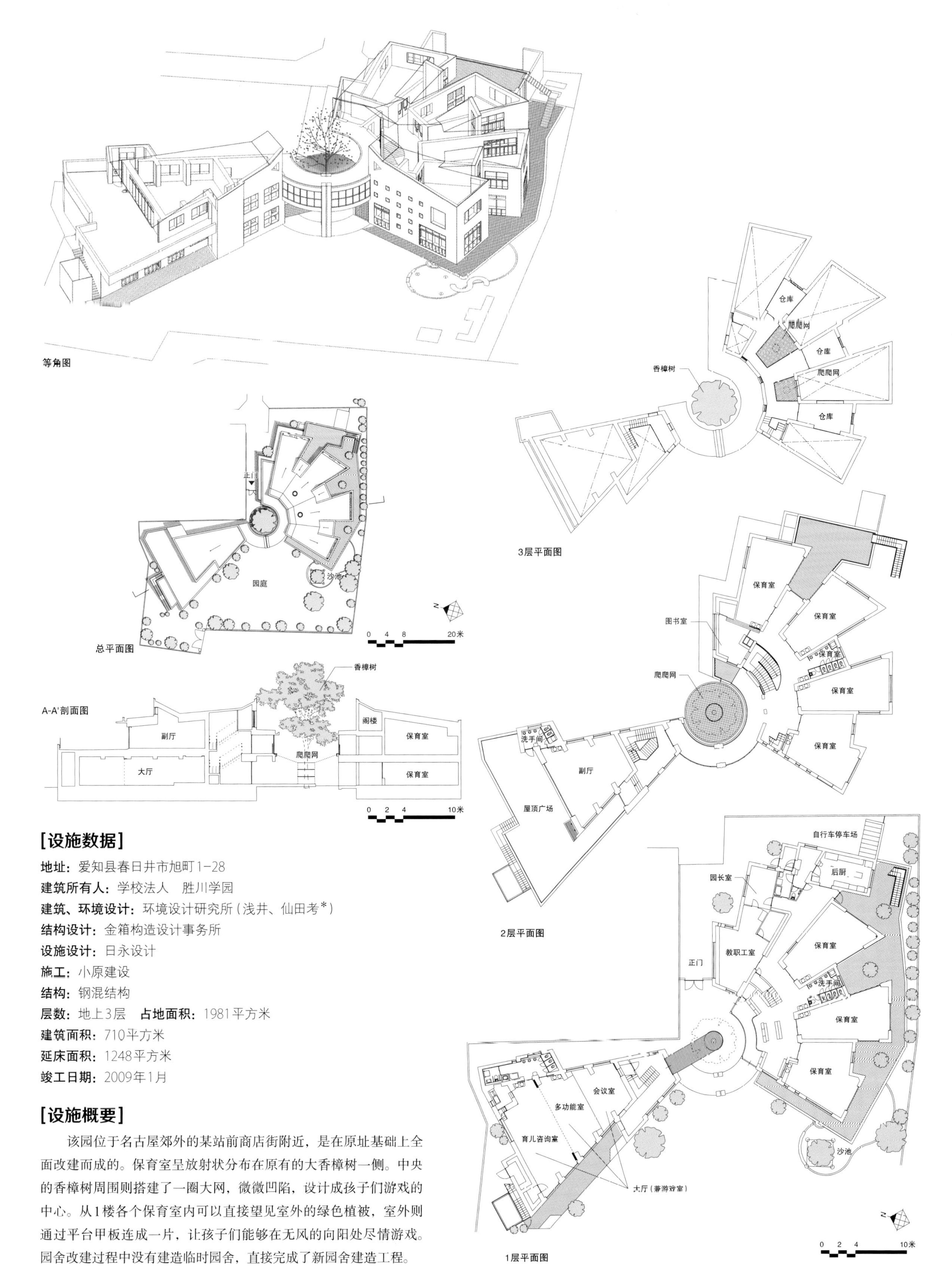

等角图

总平面图

A-A'剖面图

3层平面图

2层平面图

1层平面图

## [设施数据]

**地址：**爱知县春日井市旭町1-28

**建筑所有人：**学校法人　胜川学园

**建筑、环境设计：**环境设计研究所（浅井、仙田考*）

**结构设计：**金箱构造设计事务所

**设施设计：**日永设计

**施工：**小原建设

**结构：**钢混结构

**层数：**地上3层　**占地面积：**1981平方米

**建筑面积：**710平方米

**延床面积：**1248平方米

**竣工日期：**2009年1月

## [设施概要]

该园位于名古屋郊外的某站前商店街附近，是在原址基础上全面改建而成的。保育室呈放射状分布在原有的大香樟树一侧。中央的香樟树周围则搭建了一圈大网，微微凹陷，设计成孩子们游戏的中心。从1楼各个保育室内可以直接望见室外的绿色植被，室外则通过平台甲板连成一片，让孩子们能够在无风的向阳处尽情游戏。园舍改建过程中没有建造临时园舍，直接完成了新园舍建造工程。

# 一之台幼儿园

千叶县流山市东深井

| 该园种类 | 竣工年份 | 园地面积 | 游环结构（园舍） | 游环结构（园庭） |
| --- | --- | --- | --- | --- |
| 幼儿园 | 2009年 | 2500～5000平方米 | 内环结构 | 园庭广场中心型 |

带大屋顶的门廊，同时也是校车上下车处。有了遮风挡雨的屋顶，门廊也变成了大家交流的场所。

高大的樱花树守护着孩子们的成长。孩子们在晴天可以在沙池、泳池里嬉戏，雨天则可以在带屋顶的木质走廊上玩耍。

宽敞的室内走廊同时也是一座室内庭院，是另一种别样的保育室。

开放、可活动的结构布局，自然而然地促进了孩子们的集体交流。

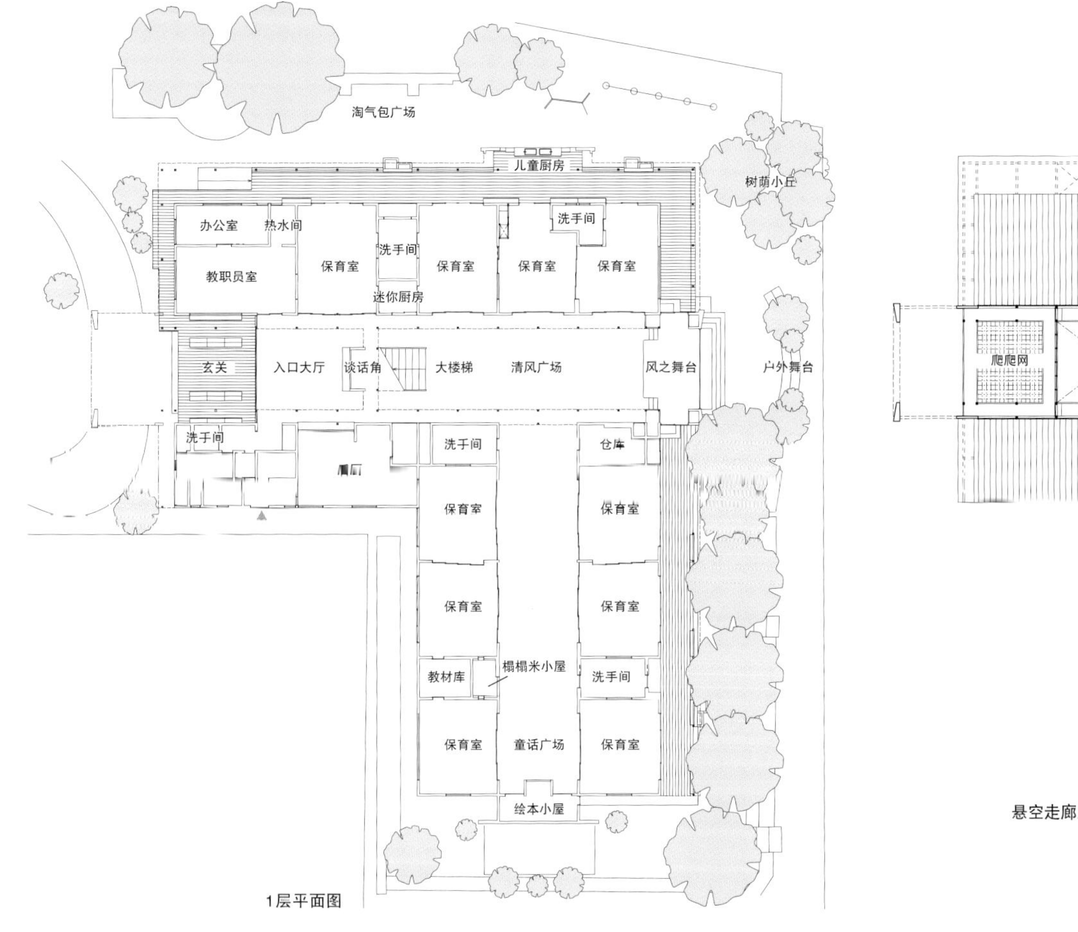

1层平面图

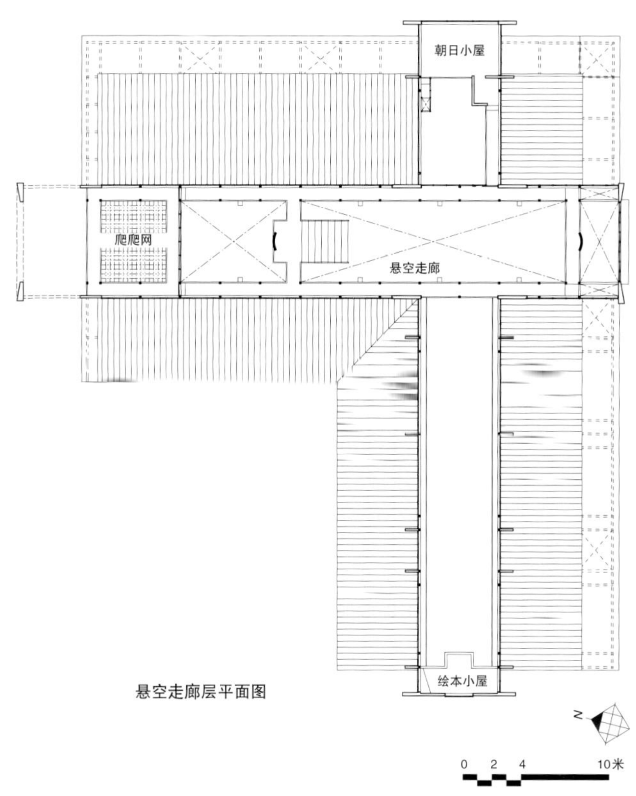

悬空走廊层平面图

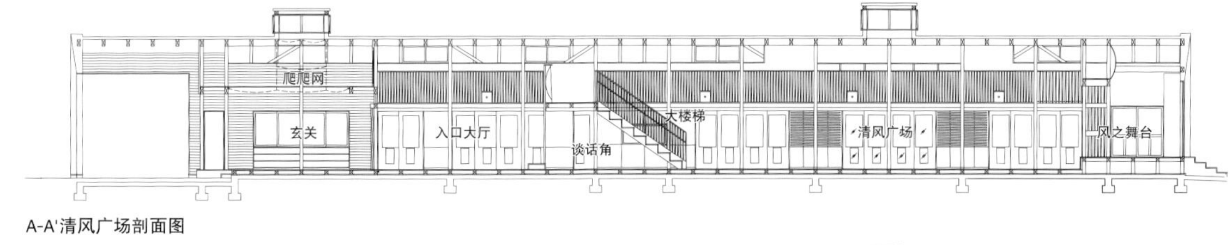

A-A'清风广场剖面图

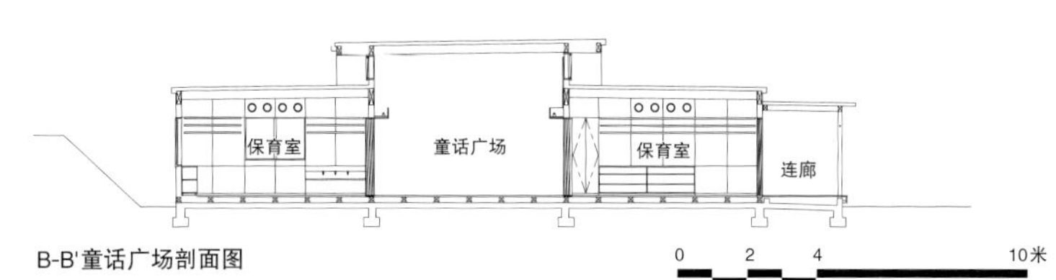

B-B'童话广场剖面图

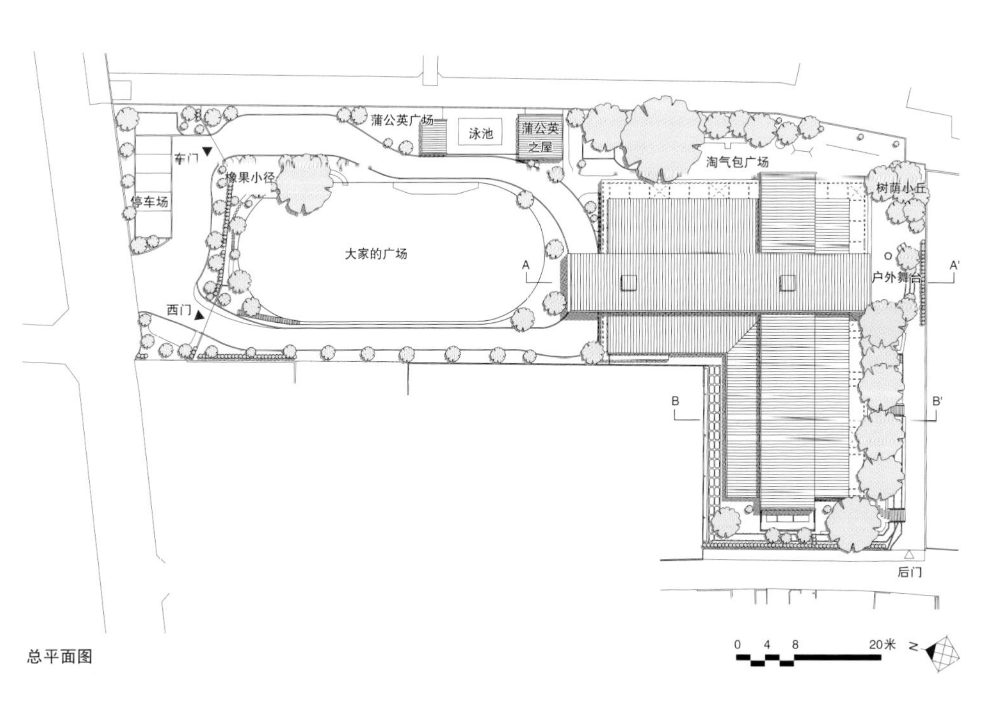

总平面图

## [设施数据]

**地址：**千叶县流山市东深井498-4

**建筑所有人：**学校法人 坂卷学园

**建筑、环境设计：**环境设计研究所
（井上*、中川、仙田考*）

**结构设计：**金箱构造设计事务所

**设施设计：**日永设计

**施工：**京成建设

**结构：**木结构

**层数：**地上1层

**占地面积：**4471平方米

**建筑面积：**1245平方米

**延床面积：**1034平方米

**竣工日期：**2009年3月

## [设施概要]

一之台幼儿园位于千叶县郊外流山市的住宅区，容纳儿童约300人。为有效利用L形的地皮，本园采用十字形布局，同时为了不给附近住宅带来高度压迫感，园舍被设计成木结构一层平房。园内着力打造围绕开放空间的灵活保育环境。保育室前的露台连接了室内和室外，园庭中保留了原有的树木，包括一株高达15米的樱花树，在此基础上继续人力植树。幼儿园整体强调室内外的一体感和空间连续性，最大限度追求与周边住宅的协调统一。

# 饭岛幼儿园

神奈川县横滨市荣区饭岛町

| 该园种类 | 竣工年份 | 园地面积 | 游环结构（园舍） | 游环结构（园庭） |
| --- | --- | --- | --- | --- |
| 幼儿园 | 2013年 | 5000平方米以上 | 内环结构 | 园庭广场中心型 |

利用爬爬网轻松往于来1楼和2楼之间。看！ 就像这样。

动线遍布园舍内部。这条秘密通道通向哪里呢？

## [设施数据]

**地址：**神奈川县横滨市荣区饭岛町1050-3
**建筑所有人：**学校法人　三桥学园
**建筑、环境设计：**环境设计研究所（浅井、滨田）
**结构设计：**增田建筑构造事务所
**设施设计：**日永设计
**施工：**白石建设
**游乐设备：**冈部
**结构：**钢结构
**层数：**地上2层
**占地面积：**9040平方米
**建筑面积：**655平方米
**延床面积：**997平方米
**竣工日期：**2013年3月

## [设施概要]

饭岛幼儿园位于横滨市郊外的一座小山上，占地面积近1万平方米。幼儿园对旧的木造1层平房园舍进行改建，建成2层园舍，以达到冬季防风的效果。

1楼是保育室、教职员室、办公室、游戏室，2楼则是理事长室和保育室。连接1楼和2楼的是园舍中央的走廊和楼梯，以及可供攀爬的网状游乐设备。在游戏室高处设置了回廊和爬滑杆。园舍整体构成游环动线，保证孩子游戏的连续性。

# 舞冈幼儿园

神奈川县横滨市户冢区舞冈町

| 该园种类 | 竣工年份 | 园地面积 | 游环结构（园舍） | 游环结构（园庭） |
| --- | --- | --- | --- | --- |
| 幼儿园 | 2014年 | 2500～5000平方米 | 内环结构 | 园庭广场中心型 |

北侧园庭内有一个开放性的大楼梯，是通往入口、雨棚和保育室的主要通道。

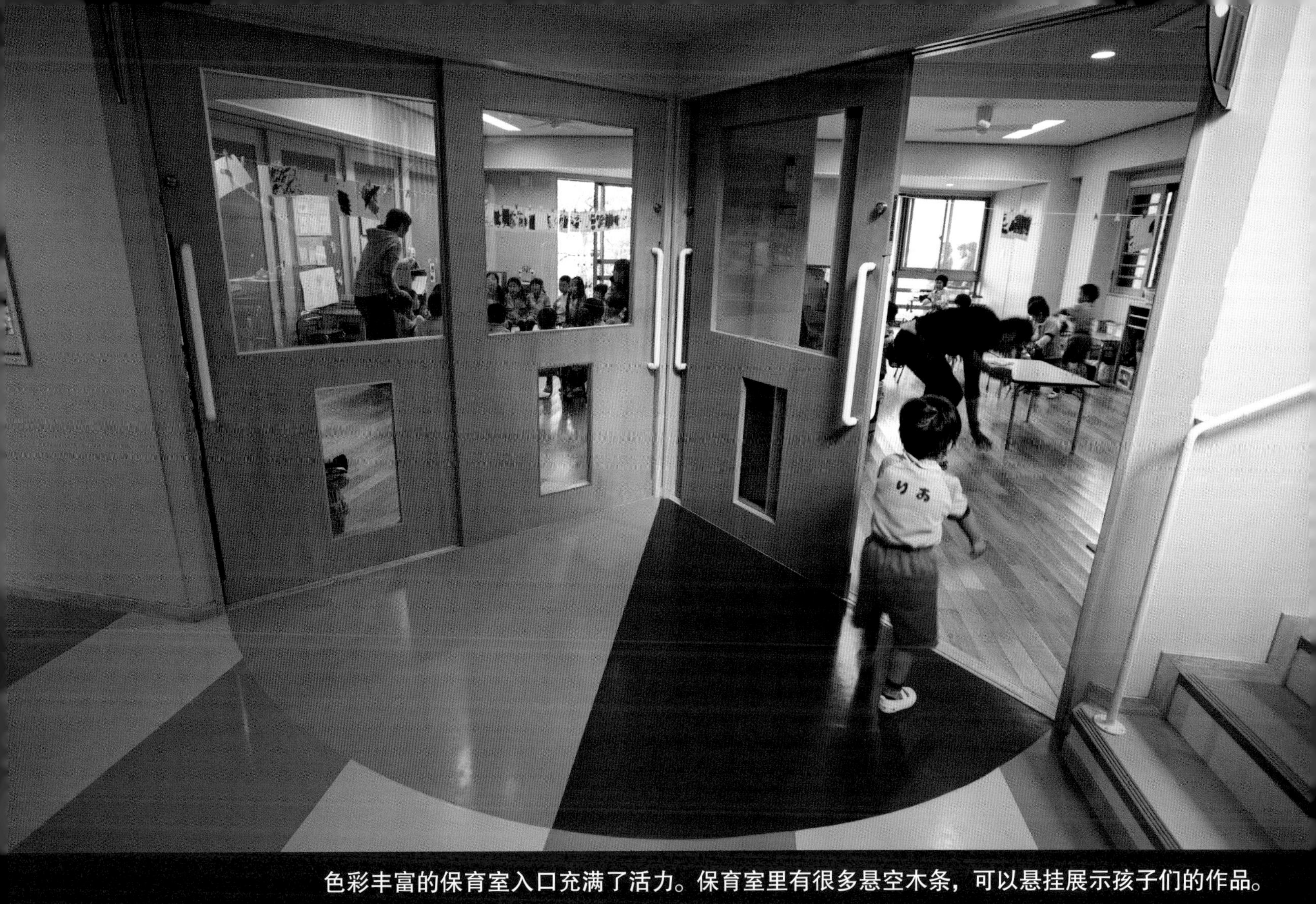

色彩丰富的保育室入口充满了活力。保育室里有很多悬空木条，可以悬挂展示孩子们的作品。

保育室南边走廊上设置了爬爬网和塔状游乐设备，贯通 2楼和3楼。

## [设施数据]

**地址：**神奈川县横滨市户冢区舞冈町3557-4

**建筑所有人：**学校法人　相泽学园

**建筑、环境设计：**环境设计研究所（井上*、长谷川、中川、仙田考*）

**结构设计：**增田构造设计事务所

**设施设计：**日永设计

**施工：**白石建设

**游乐设备：**冈部

**结构：**钢混结构

**层数：**地上3层

**占地面积：**2641平方米

**建筑面积：**568平方米

**延床面积：**999平方米

**竣工日期：**2014年3月

## [设施概要]

舞冈幼儿园位于神奈川县横滨市郊外的住宅区。新园舍将原本独立的3栋园舍合建为1栋，1层设置教职员室和游戏室，2层和3层则为保育室。本园巧妙利用地皮的倾斜角度，2层和3层可以直通户外。改建后操场面积变大，公园区域设置了游乐设备，同时还开辟出更加贴近自然生态的近山区域等，丰富了幼儿园的外部环境。园舍的外观设计成苔绿色，与幼儿园标志性的近山区域相呼应，与周边环境融为一体。

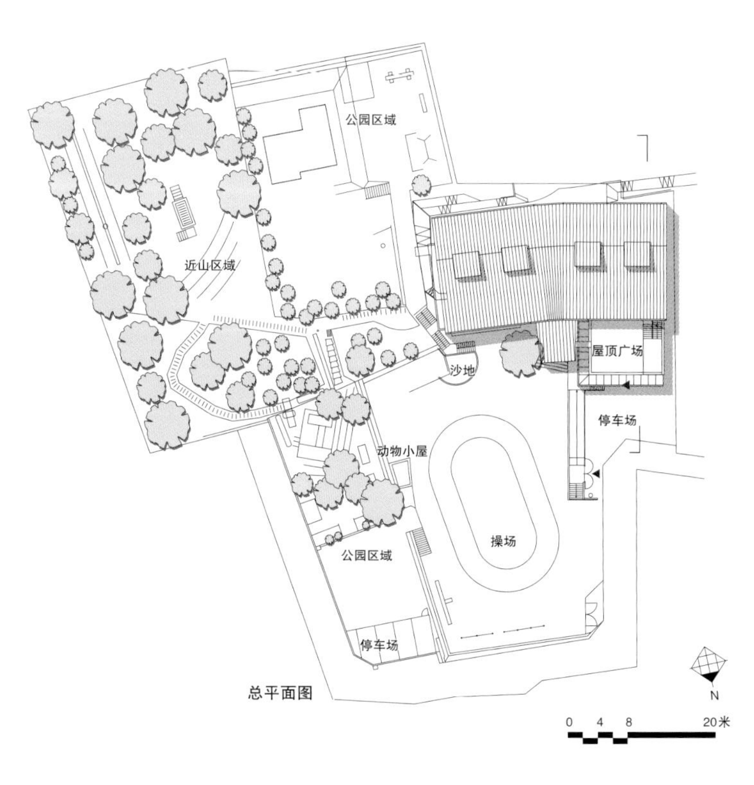

总平面图

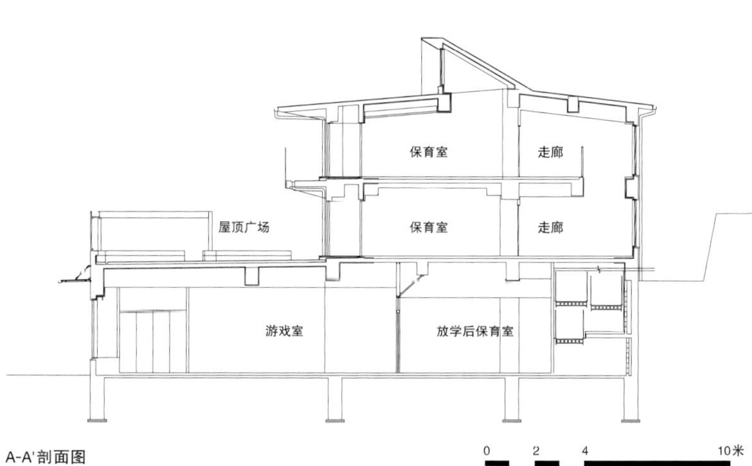

A-A'剖面图

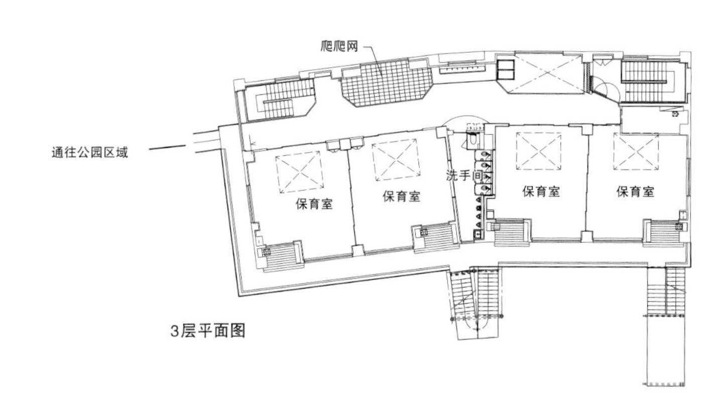

3层平面图

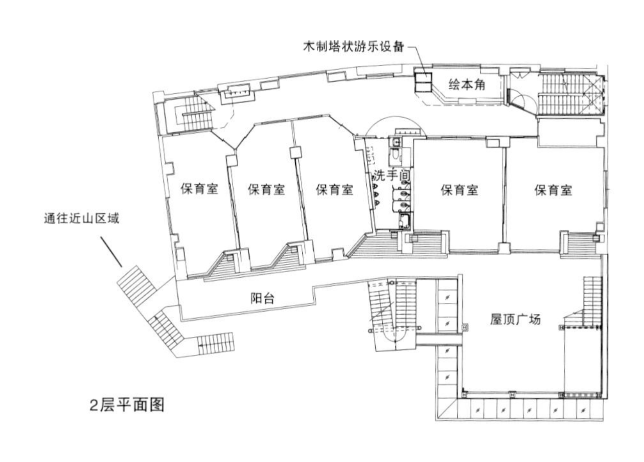

2层平面图

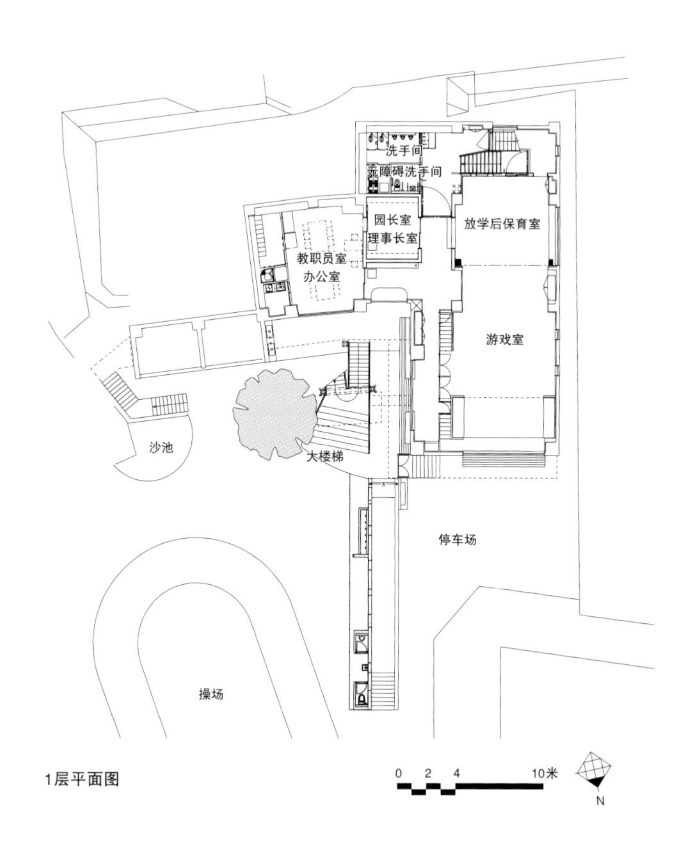

1层平面图

# 宫前幼儿园

神奈川县川崎市宫前区野川

| 该园种类 | 竣工年份 | 园地面积 | 游环结构（园舍） | 游环结构（园庭） |
|---|---|---|---|---|
| 幼儿园 | 2008年 | 2500 ～ 5000平方米 | 内环结构 | 园庭广场中心型 |

园庭里有着一条条高低起伏的林间小径，满眼皆是绿意。

隔着玻璃，与生态园里的小生物“大眼瞪小眼”。园里到处都是孩子们喜欢的迷你空间。

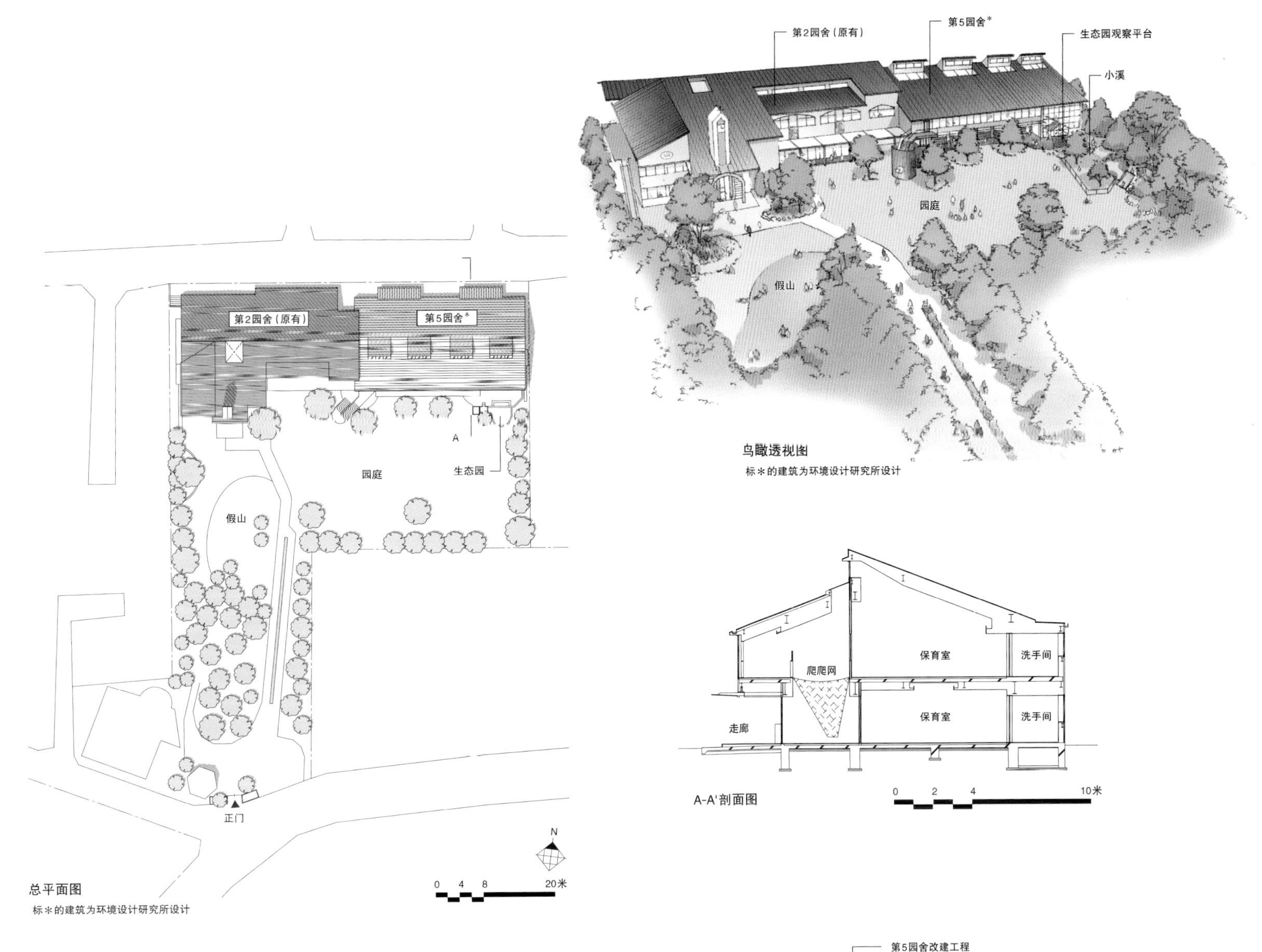


鸟瞰透视图

标*的建筑为环境设计研究所设计

A-A'剖面图

总平面图

标*的建筑为环境设计研究所设计

## [设施数据]

**地址：**神奈川县川崎市宫前区野川1060

**建筑所有人：**学校法人　亀谷学园

**建筑、环境设计：**环境设计研究所

（浅井、中川、仙田考*）

**结构设计：**构造计划研究所

**设施设计：**日永设计

**结构：**钢结构

**层数：**地上2层

**占地面积：**3530平方米

**建筑面积：**446平方米

**延床面积：**804平方米

**竣工日期：**2008年3月

## [设施概要]

宫前幼儿园位于川崎市宫前区的住宅区，共有园舍2栋，本次对其中1栋（第5园舍）进行了改建翻修。为完善园舍内部保育室功能，增设了更衣空间。

外部的带屋顶半户外露台与原有的园舍直接相连，保证孩子们即使在下雨天也可以在室外游戏。园庭中增加了可供孩子们玩水的小溪以及生态园，孩子们随时可以透过平台上的玻璃观察到水中的生态。

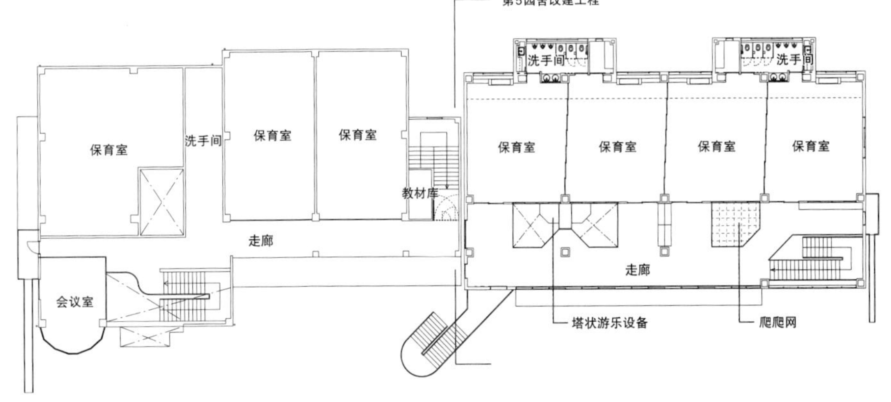


2层平面图

第5园舍改建工程

教职员室
热水间
中庭
洗手间
保育室
走廊
平台
园长室
玄关
生态园

0 2 4 10米

1层平面图

# 田园江田幼儿园

神奈川县横滨市青叶区茬田町

| 该园种类 | 竣工年份 | 园地面积 | 游环结构（园舍） | 游环结构（园庭） |
|---|---|---|---|---|
| 幼儿园 | 2012年 | 2500平方米以下 | 外环结构 | 园庭广场中心型 |

十字形的园舍，沐浴着阳光的祈祷空间，这所教会幼儿园矗立在山丘之上。

无障碍坡道使婴儿车可以被轻松推上楼；小阁楼是孩子们的秘密基地；绘本室里的顶灯，每一处细节都用心设计。

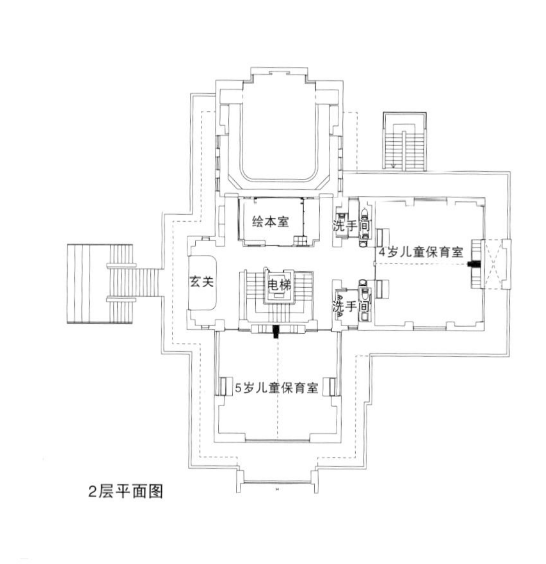

2层平面图

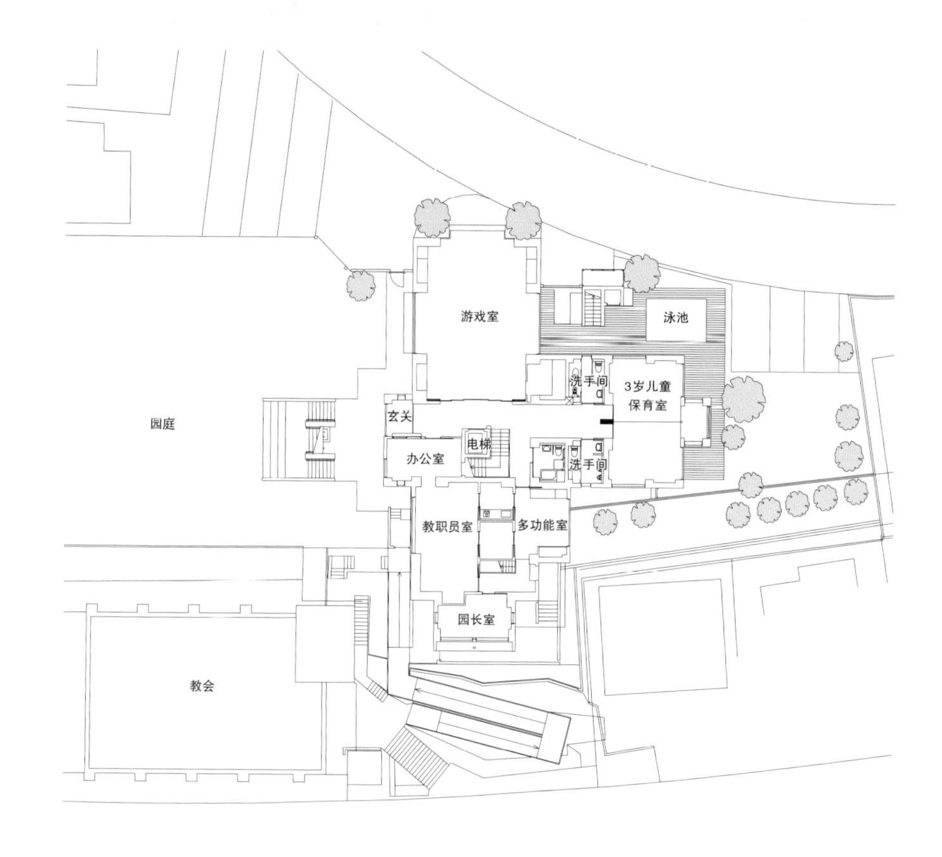

1层平面图

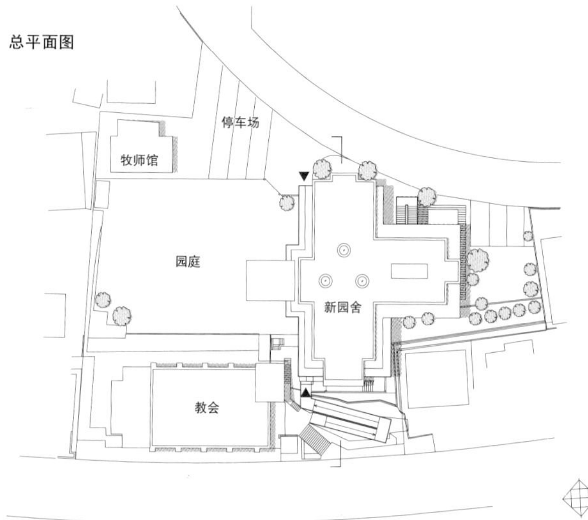

总平面图

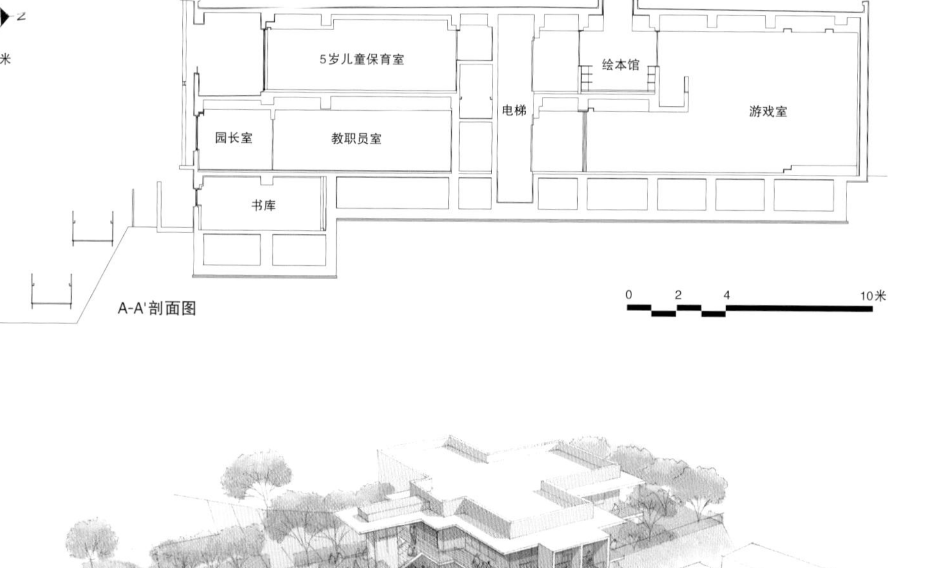

A-A'剖面图

## [设施数据]

**地址：** 神奈川县横滨市青叶区茬田町474-1
**建筑所有人：** 宗教法人　日本基督教团　田园江田教会
**建筑、环境设计：** 环境设计研究所（浅井、中川、仙田考*）
**结构设计：** 金箱构造设计事务所
**设施设计：** 日永设计
**施工：** 露木建设
**结构：** 钢混结构
**层数：** 地下1层、地上2层
**占地面积：** 1333平方米
**建筑面积：** 427平方米
**延床面积：** 650平方米
**竣工日期：** 2010年4月

## [设施概要]

幼儿园附属于日本基督教团田园江田教会，位于横滨市青叶区的住宅区，可容纳约百名儿童。园舍呈十字形结构，1层包括1间3岁儿童保育室、游戏室和各类办公室，2层设有绘本室和4、5岁儿童保育室各1间。新园舍的设计还考虑到了与隔壁原有教会设施、园舍后方改建的牧师馆之间的连续性和动线分布。改建过程中没有采用临时园舍，而是在原本的园庭位置上建造了新园舍，原本的园舍则拆除改为新园庭。园庭中种植了许多《圣经》中出现的树木，让孩子们从小就对《圣经》耳濡目染。

鸟瞰透视图

# 保育园

保育园是孩子们从早待到晚的地方，因此营造出家庭的氛围十分重要。保育室里需要划分睡觉、吃饭、游戏的场所，让长时间待在里面的孩子能够自由自在地成长。尤其是0～2岁宝宝，通常会带着尿布、换洗衣物等入园，因此还需要完善物品交接功能。

# 清里圣约翰保育园

山梨县北杜市高根町清里

| 该园种类 | 竣工年份 | 园地面积 | 游环结构（园舍） | 游环结构（园庭） |
| --- | --- | --- | --- | --- |
| 保育园 | 2014年 | 5000平方米以上 | 外环结构 | 环状园庭型 |

保育园周边是高低起伏的森林地带，连廊将园舍与自然温柔地联结在一起。

保育园中央是一座大屋顶广场，孩子们在这里围着篝火，一起度过欢乐的时光。

保育室的木材均是由家长们和保育士从附近森林砍伐的，圆柱、有层次的地面、柴炉，每一处都充满着温暖。

穿过清里高原上的森林前往牧场，享受快乐的散步时间。看！发现了很多橡果。

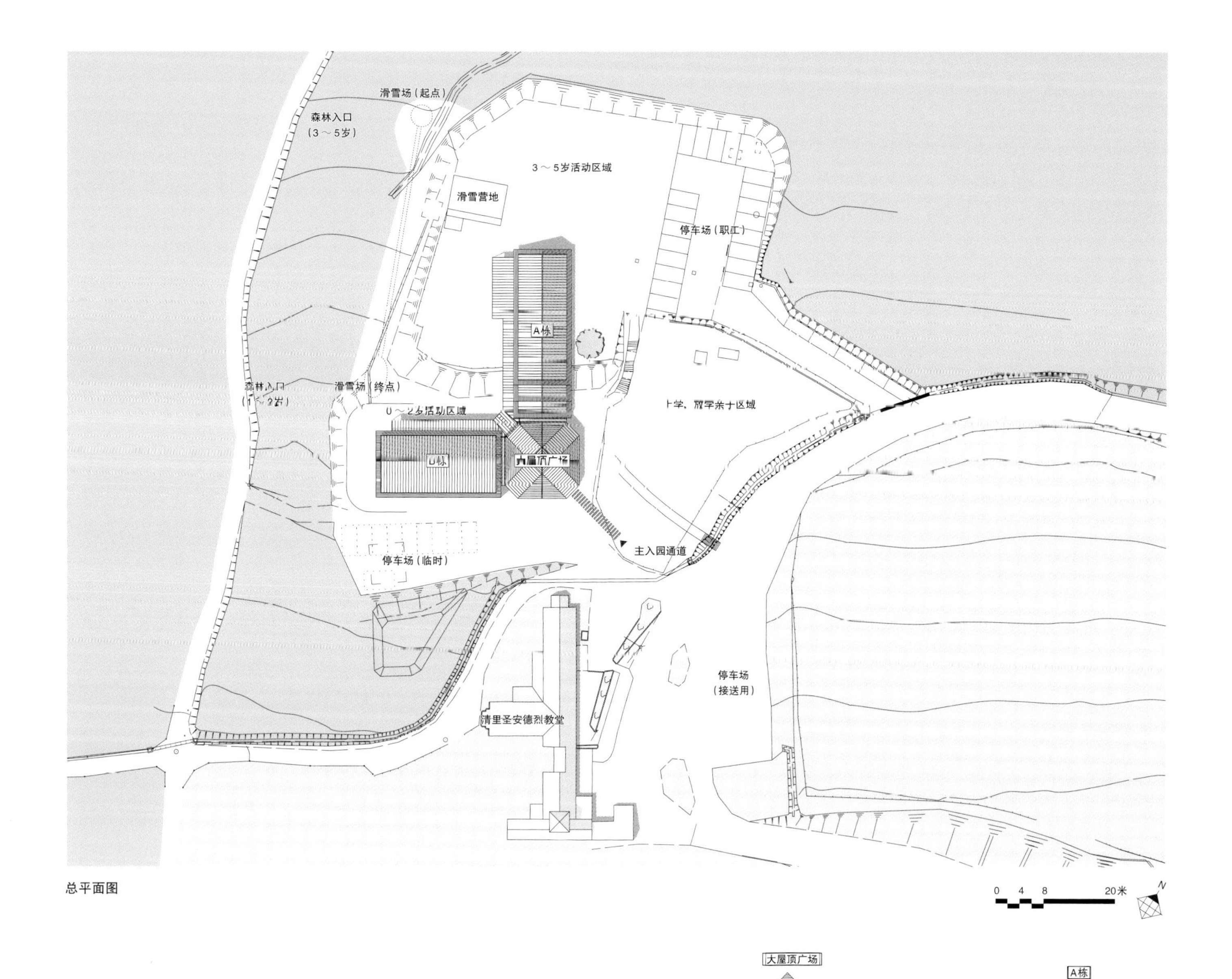


总平面图

## [设施数据]

**地址：**山梨县北杜市高根町清里3545
**建筑所有人：**公益财团法人　KEEP协会
**建筑、环境设计：**环境设计研究所
（松木、长谷川、井上*、武藤）
**结构设计：**增田建筑结构事务所
**设施设计：**日永设计
**施工：**日经工业
**结构：**木结构
**层数：**地上1层
**占地面积：**6836平方米
**建筑面积：**626平方米
**延床面积：**615平方米
**竣工日期：**2015年3月

## [设施概要]

这是一所森林保育园，孩子们可以在清里高原的森林里尽情奔跑嬉戏，玩累了便回到园内。保育园的建筑充分考虑到孩子们的成长环境，木结构的园舍就地取材，顺着林间地形搭建。清风吹拂、阳光和暖，在清里高原的自然怀抱中，孩子们茁壮成长。保育园依照原有的圣安德烈教堂南北轴线布局，配合地皮高低落差建有A、B栋和广场。高地为A栋，是3～5岁儿童保育室，周围庭院环绕。低地为B栋，是0～2岁幼儿保育室和厨房。低地还建有一个多功能大屋顶广场，与A栋办公室相对，可用来举办各类活动，还可当作午餐处、监护人接送处和交流场所使用，是保育园的标志建筑。

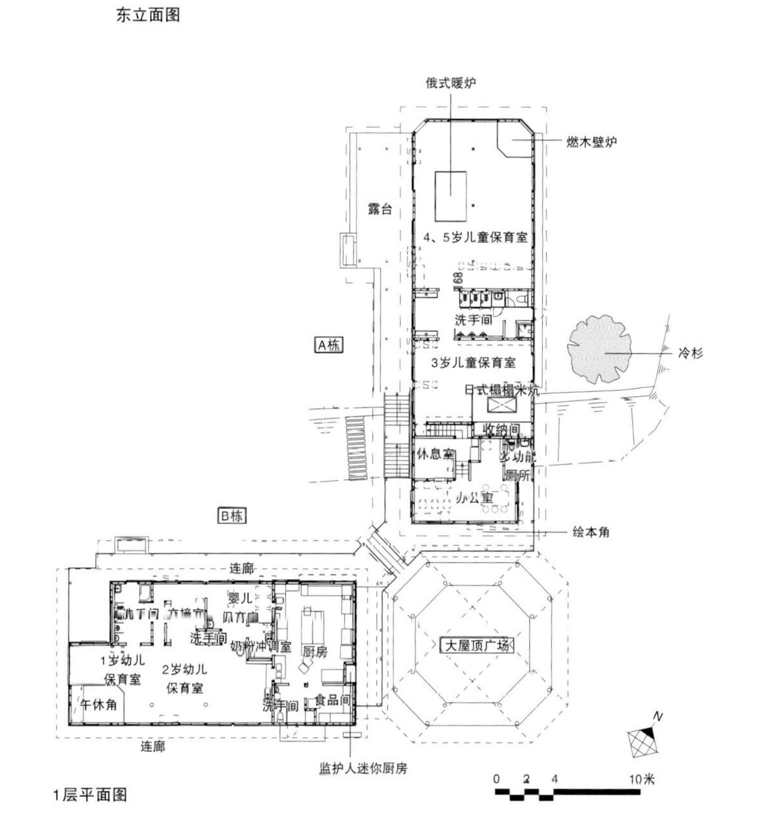


东立面图

1层平面图

# 筑紫保育园

神奈川县横滨市旭区笹野台

| 该园种类 | 竣工年份 | 园地面积 | 游环结构（园舍） | 游环结构（园庭） |
|---|---|---|---|---|
| 保育园 | 2002年 | 2500平方米以下 | 内环结构 | 园庭、园舍融合型 |

筑紫塔是保育园的标志性建筑。仔细观察，其实整座塔就是一个巨大的立体玩具。

园舍层高较高，但是保育园整体退后了道路90厘米，所以外观看起来并不突兀。

游戏室的上方设置了悬空走廊，与爬爬网和塔状游乐设备连接，成了孩子们的王国。

在有限的面积、有限的空间限制下，园舍的“游环结构”应运而生。

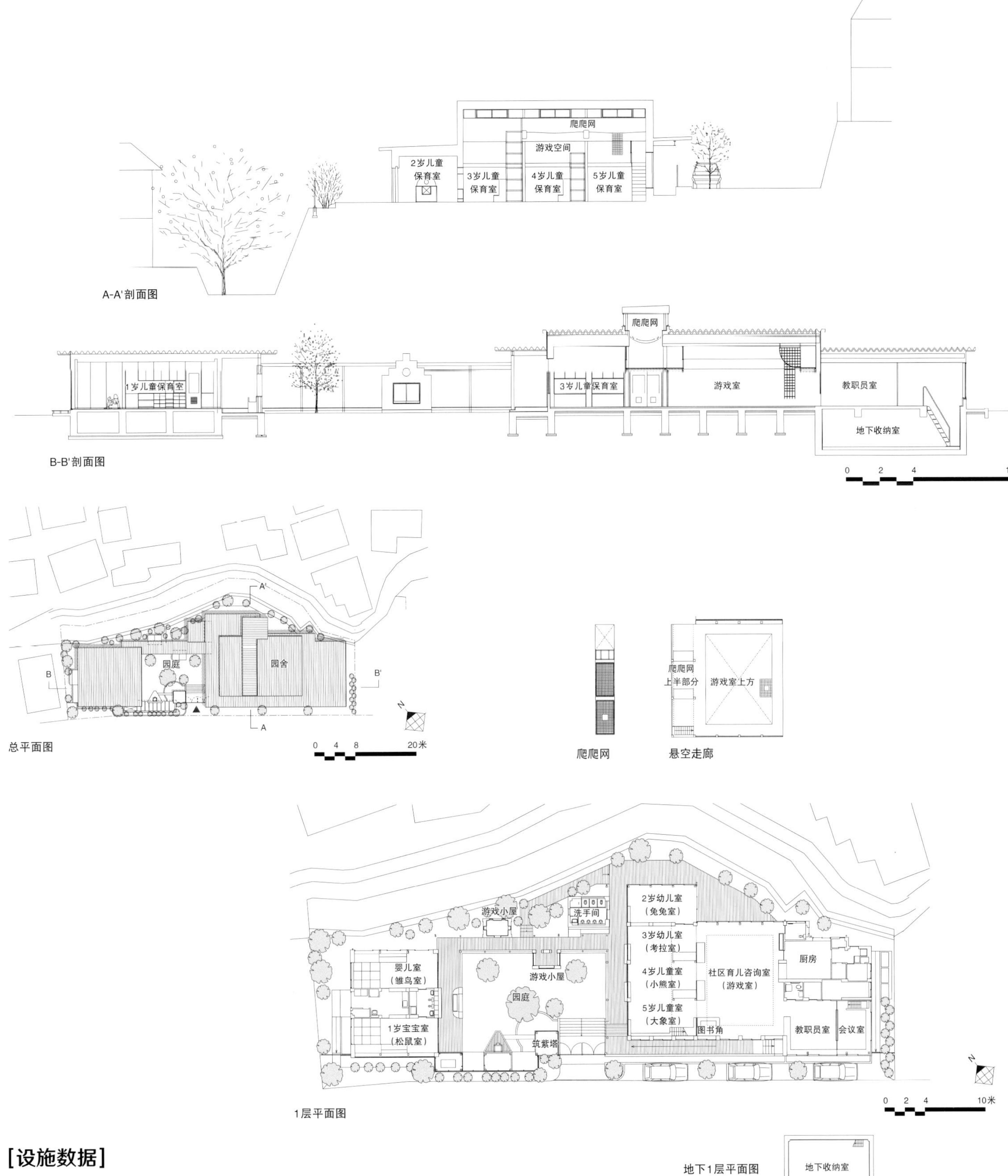


## [设施数据]

**地址：**神奈川县横滨市旭区笹野台4-11-19
**建筑所有人：**社会福祉法人　筑紫会
**建筑、环境设计：**环境设计研究所（浅井、堤*）
**结构设计：**构造计划研究所
**设施设计：**日永设计
**施工：**大林组
**结构：**钢结构
**层数：**地上1层
**占地面积：**1192平方米
**建筑面积：**506平方米
**延床面积：**538平方米
**竣工日期：**2002年3月

## [设施概要]

保育园位于横滨市的住宅区，由于地皮建造规制的限制，园舍采用了1层平房设计，北侧设置绿化带和露台，尽量减少对周边的影响。园舍分为1岁以下幼儿楼、2～5岁儿童楼，中间夹一个小小的庭院，两侧楼房通过连廊连接。保育室内部不进行细致的区域划分，而是将其作为一个整体的游戏空间，在横向平面和纵向立体上下功夫。横向利用大型可移动门和帘幕灵活进行开合，纵向则妥善利用层高设置上层游戏空间。

园舍整体退后道路近1米，往来行人可以清楚看见园内的保育工作。此外，园内的绿化、建筑物的高度和外观颜色，都与住宅区相适应，形成和谐的整体。

# 若草保育园

东京都昭岛市玉川町

| 该园种类 | 竣工年份 | 园地面积 | 游环结构（园舍） | 游环结构（园庭） |
| --- | --- | --- | --- | --- |
| 保育园 | 2003年 | 2500平方米以下 | 内环结构 | 园庭广场中心型 |

保育园坐北朝南，采光充足。园舍中央的漏斗状爬爬网是孩子们的最爱。

阳台沐浴在阳光之下，看来今天是个赏花的好日子。

园内布局充分适应因材施教的保育方针以及打破年龄界限的纵向分班形式。

悬空走廊、戏水池等，园内到处都是孩子们游戏的天堂。

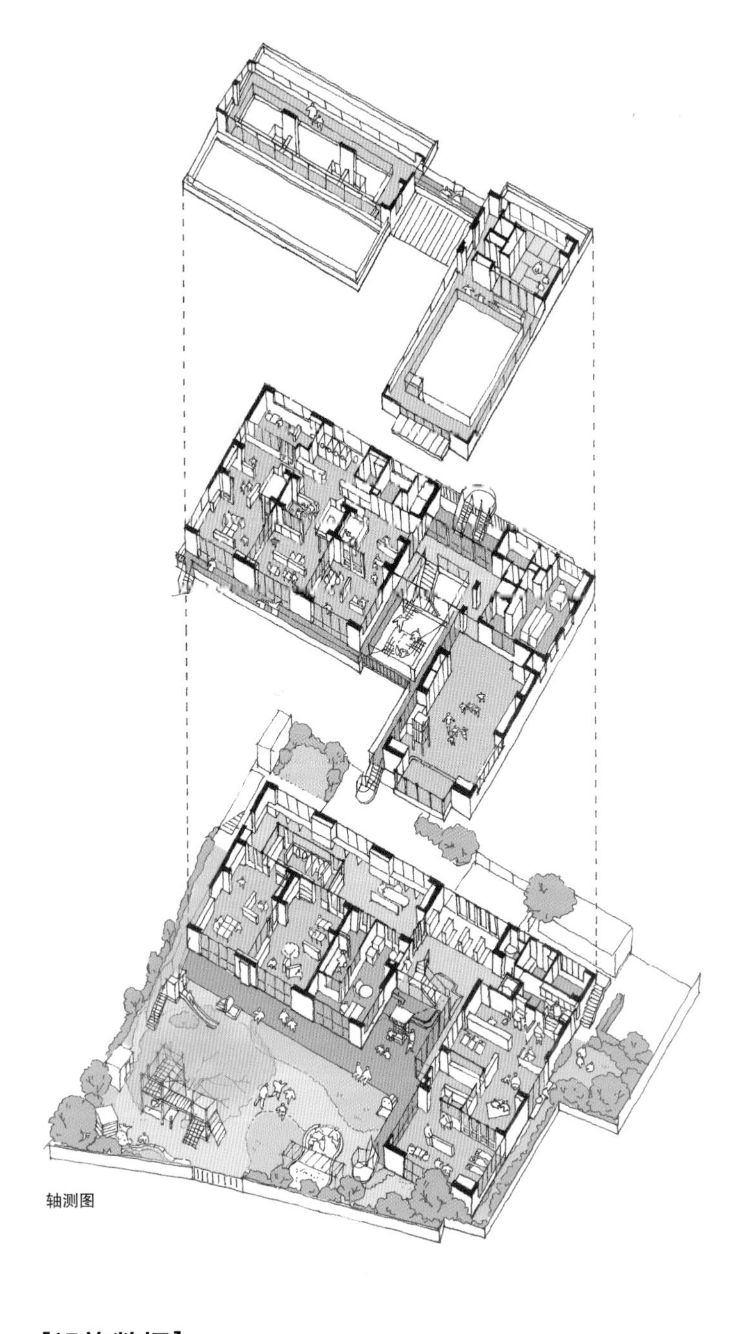

轴测图

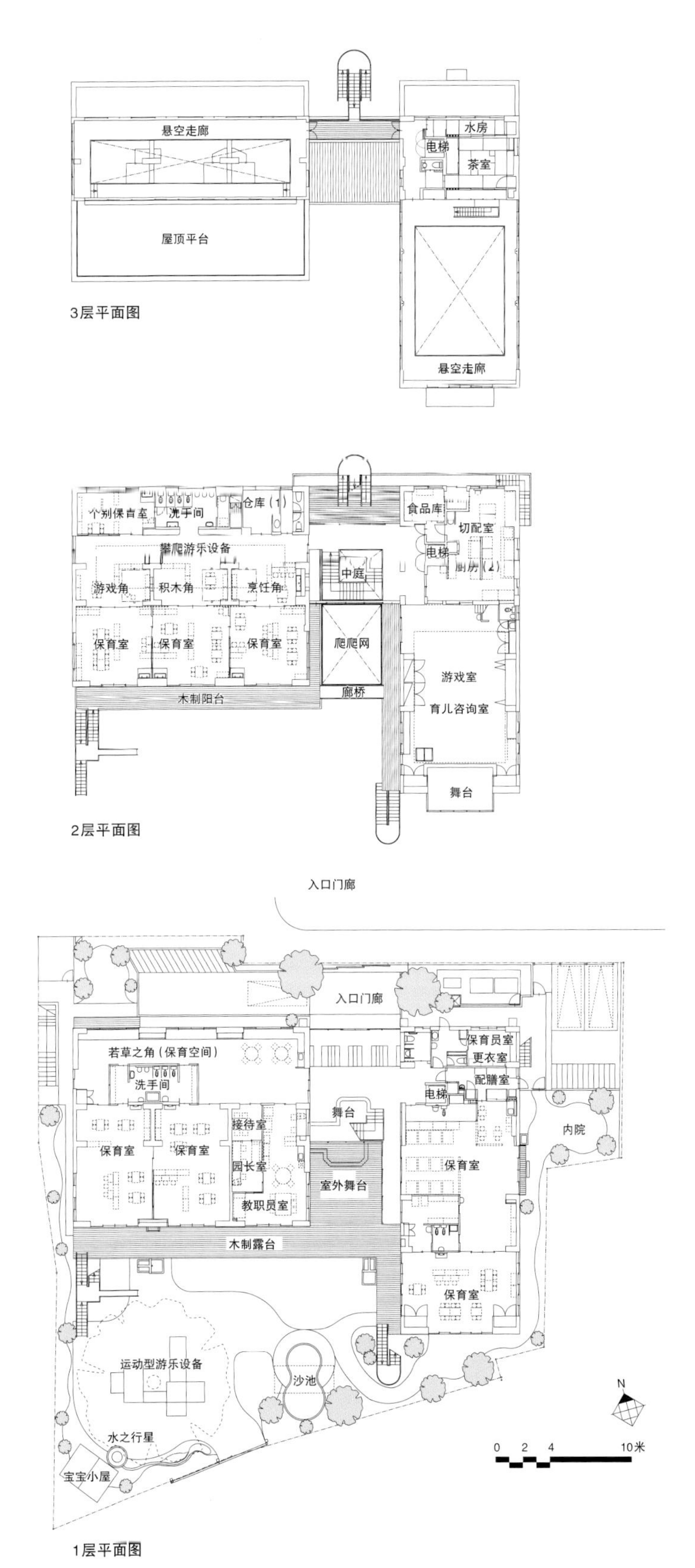


3层平面图



2层平面图



1层平面图

## [设施数据]

**地址：** 东京都昭岛市玉川町5-15-26

**建筑所有人：** 社会福祉法人　三木之家

**建筑、环境设计：** 环境设计研究所（浅井、井上*、户部*、佐藤文）+晃设计事务所

**结构设计：** 金箱构造设计事务所

**设施设计：** 石井建筑事务所

**施工：** 加藤建筑体系　**结构：** 钢混结构　部分钢结构

**层数：** 地下1层 地上3层　**占地面积：** 1436平方米

**建筑面积：** 547平方米　**延床面积：** 1125平方米

**竣工日期：** 2003年10月

## [设施概要]

保育园位于东京西面的住宅区，在原有园舍的基础上进行了全面改建。

秉持着“园如家、幼吾幼”的保育理念，保育室的设计实现了“自主个别保育”和“纵向年龄混合保育”。灵活可变的室内空间保证了孩子们活动的连续性。沉静安心的保育室，不同主题的角落，中庭和阁楼，还有悬空走廊等纵向立体动态空间，共同构成了连贯的室内空间，保证孩子们可以自由进行各类活动。办公室旁边设有多功能空间，监护人们可以在这里相互交流。

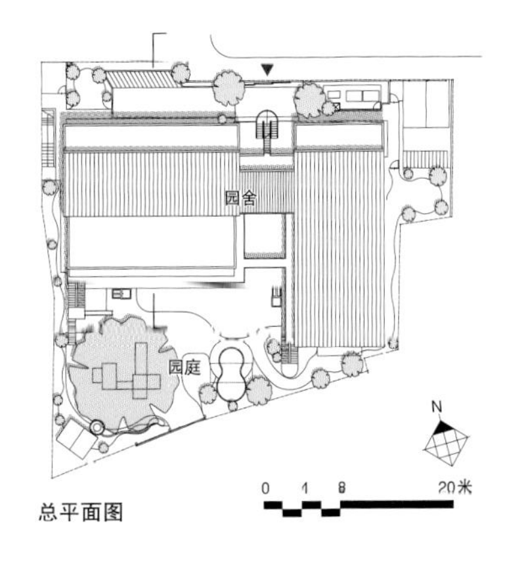


总平面图

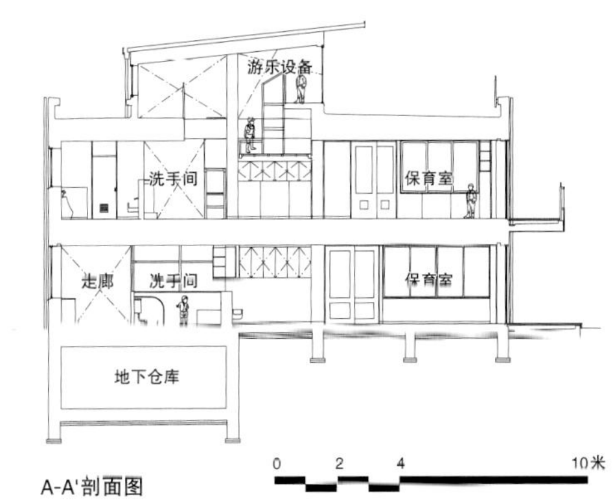


A-A'剖面图

# 双叶岛保育园

茨城县牛久市中央

| 该园种类 | 竣工年份 | 园地面积 | 游环结构（园舍） | 游环结构（园庭） |
| --- | --- | --- | --- | --- |
| 保育园 | 2007年 | 2500～5000平方米 | 内环结构 | 环状园庭型 |

感受木材的温度，感受家一般的温馨。

红色走廊“丛林之路”是园舍的标志性设施，采用了立体纵向“游环结构”，孩子们可以爬上爬下。

就餐时刻是重要的交流时间，和朋友们一起吃饭，享受快乐的时光。

找到喜欢的角落，沉醉于绘本的世界。

## [设施数据]

**地址：**茨城县牛久市中央5-5-2

**建筑所有人：**社会福祉法人　双叶福祉会

**建筑、环境设计：**环境设计研究所（井上*、浅井、三浦*、仙田考*）

**结构设计：**团设计同人

**设施设计：**日永设计

**施工：**东洋建筑

**结构：**木结构

**层数：**地上2层

**占地面积：**2690平方米　**建筑面积：**974平方米

**延床面积：**995平方米　**竣工日期：**2007年3月

## [设施概要]

保育园离牛久站不远，隔壁便是公园。园舍向东西延展，园舍中央的红色走廊名叫“丛林之路”，是保育园的标志性建筑空间。园内还设有塔状游乐设备，与2楼的走廊相连接，构成“游环结构”。此外，保育园还可以直通隔壁的公园。

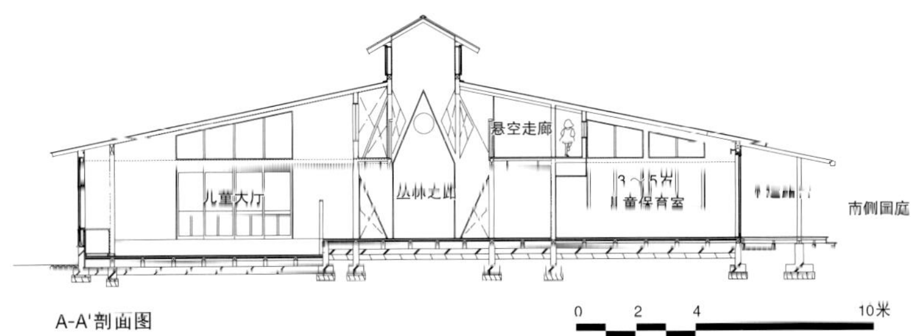

A-A'剖面图

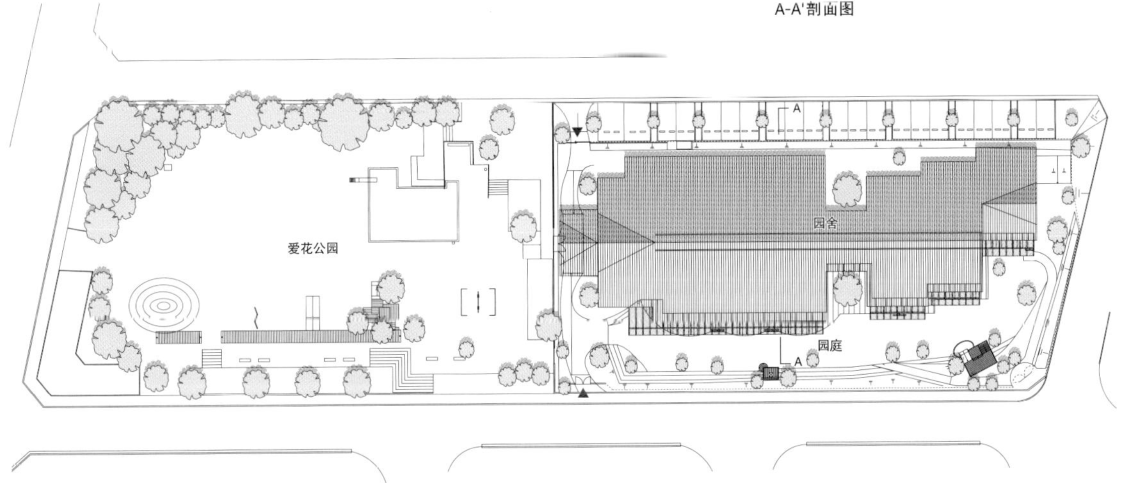

总平面图

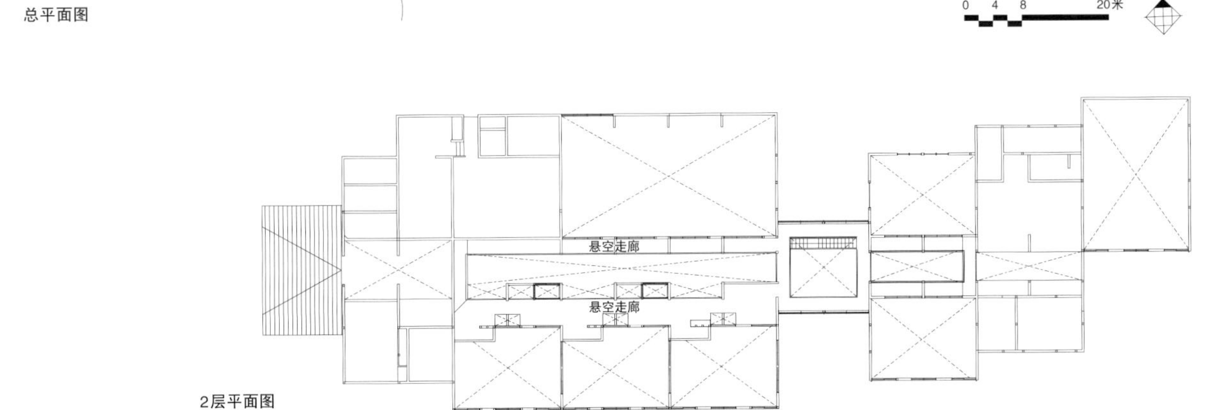

2层平面图

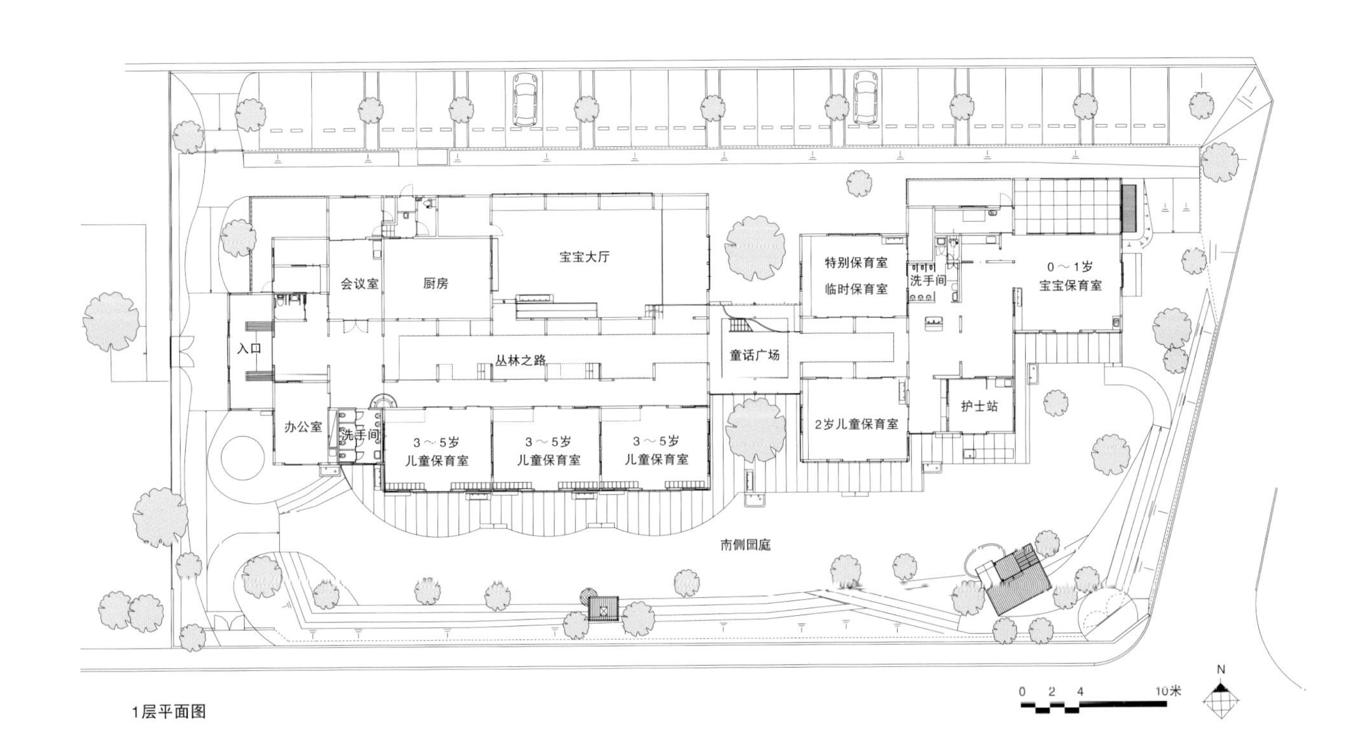

1层平面图

# 大野村斎保育園

神奈川県相模原市

| 该园种类 | 竣工年份 | 园地面积 | 游环结构（园舍） | 游环结构（园庭） |
|---|---|---|---|---|
| 保育园 | 2012年 | 2500平方米以下 | 内环结构 | 环状园庭型 |

园舍周围树木环绕，2层是多功能室，木质屋顶下，清晨的日光斜照进来，最是宜人。

园舍内开辟了小巧安静的绘本角，孩子们可以沉浸在绘本的世界里，化身书中的主人公。

在树木的环绕中游戏，爬上低矮的小丘，染上一身绿意。

## [设施数据]

**地址：**神奈川县相模原市南区大野台3-15-48
**建筑所有人：**社会福祉法人　勇能福祉会
**建筑、环境设计：**环境设计研究所（浅井、滨田、仙田考*）
**结构设计：**增田建筑构造事务所
**设施设计：**ZO设计室
**施工：**丸西建设
**游乐设备：**冈部
**戏水池：**大阪工建
**结构：**钢混结构
**层数：**地上2层
**占地面积：**1438平方米　**建筑面积：**595平方米
**延床面积：**826平方米　**竣工日期：**2012年3月

## [设施概要]

本园位于相模原市南区的郊外。建园时尽可能地保留了原有的麻栎、枹栎等绿叶乔木，并与建筑布局相辅相成，打造"园在林中、舒展自在"的保育环境。保育室分布在1层，抬脚就是室外游戏场所。同时开辟各类游戏和交流空间，譬如大树守护下的户外楼梯空间和屋顶广场，还有带暖炉的房间等。园舍采用耐久的钢混体系，外部使用耐气候性更佳的表面建材，内部则大量运用木材，带来视觉上的温暖色调。

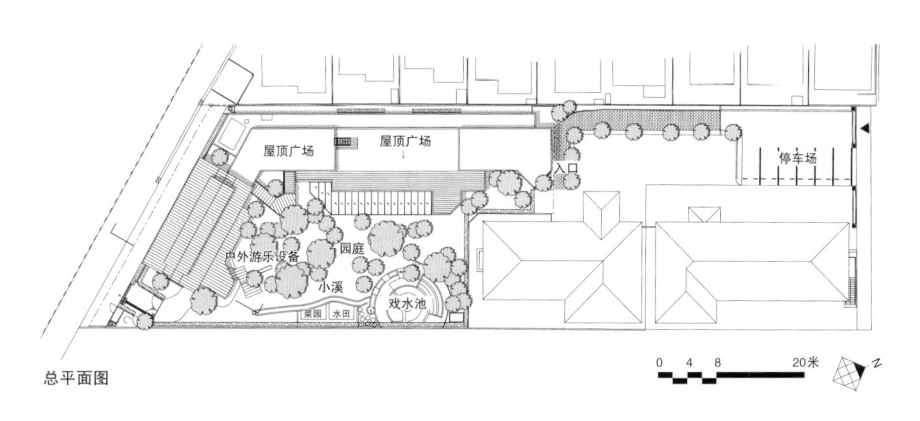

总平面图

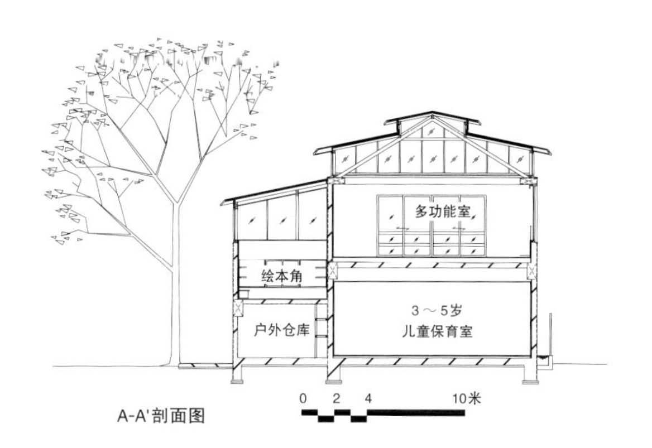

A-A'剖面图

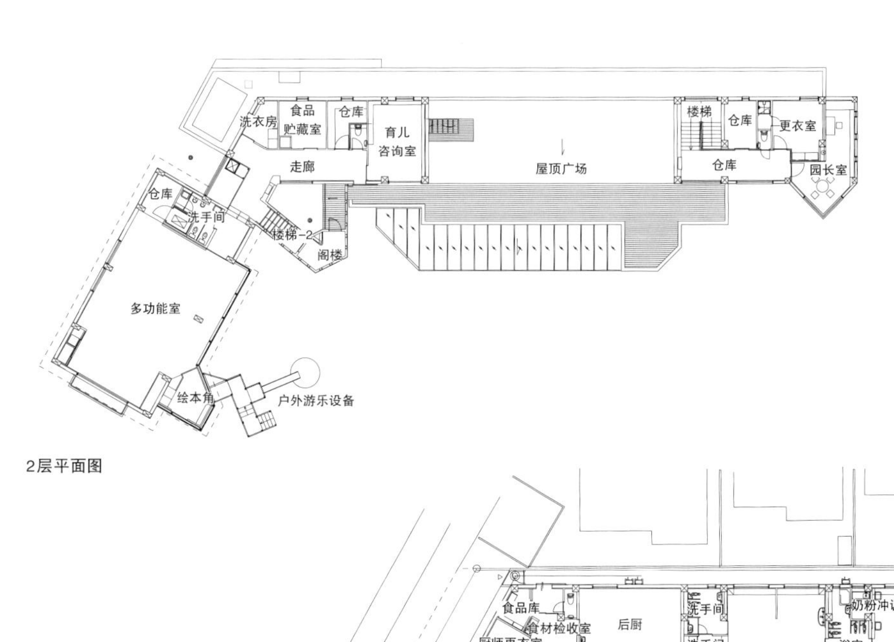

2层平面图

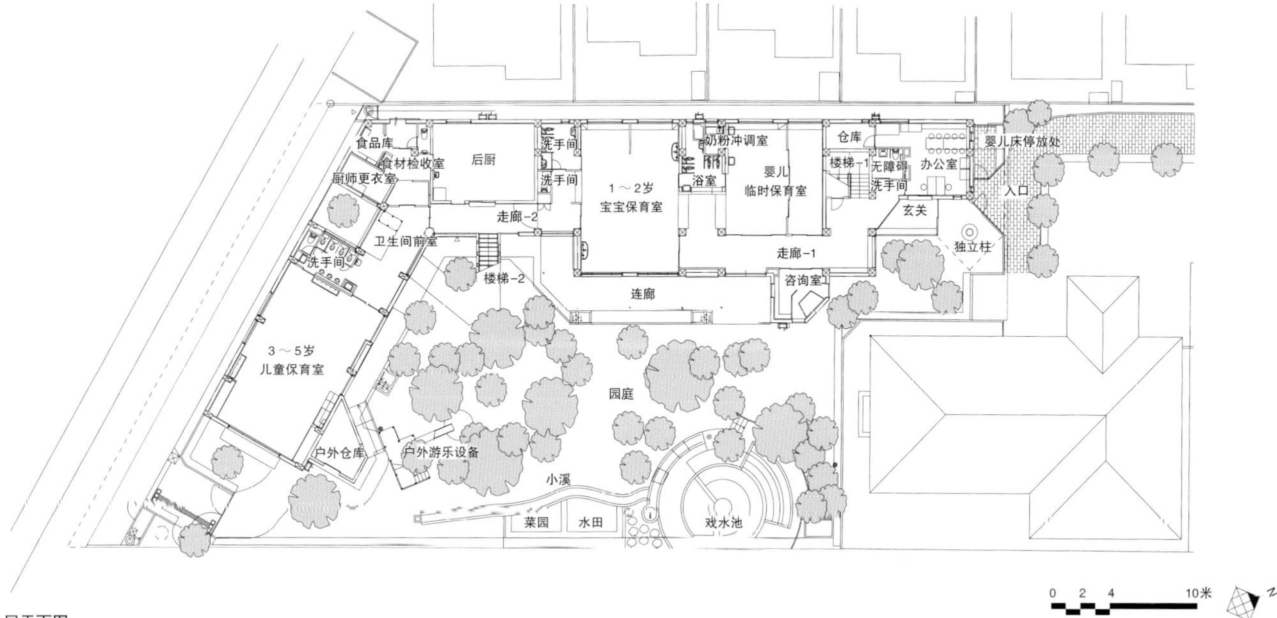

1层平面图

# 艺术宝贝保育园志木分园

埼玉县志木市柏町

| 该园种类 | 竣工年份 | 园地面积 | 游环结构（园舍） | 游环结构（园庭） |
| --- | --- | --- | --- | --- |
| 保育园 | 2012年 | 2500平方米以下 | 外环结构 | 园舍、园庭融合型 |

室外是缤纷绚烂的色彩，室内是极简沉静的设计。阳光洒满整间屋子，投下婆娑的树影。

园舍内大量的楼梯和通道是孩子们游戏的场所。孩子们欣喜地发现在楼梯上，每一步都能看到不同的景色。

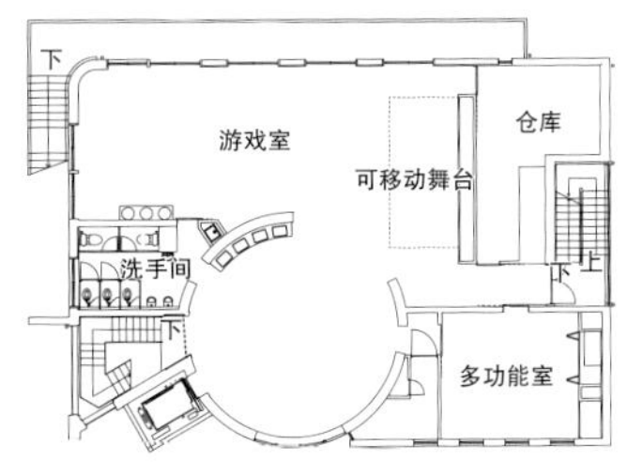


3层平面图

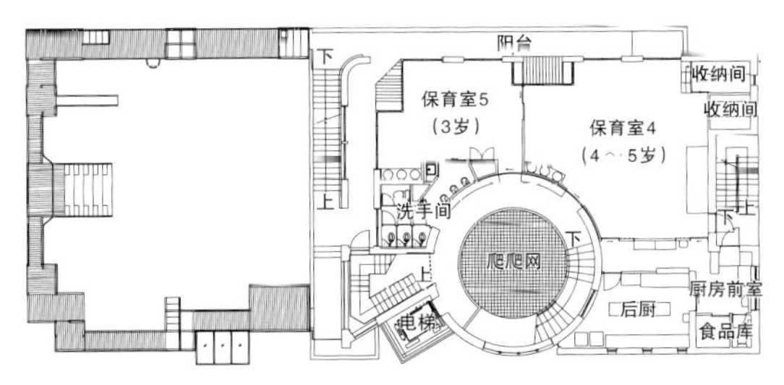


2层平面图

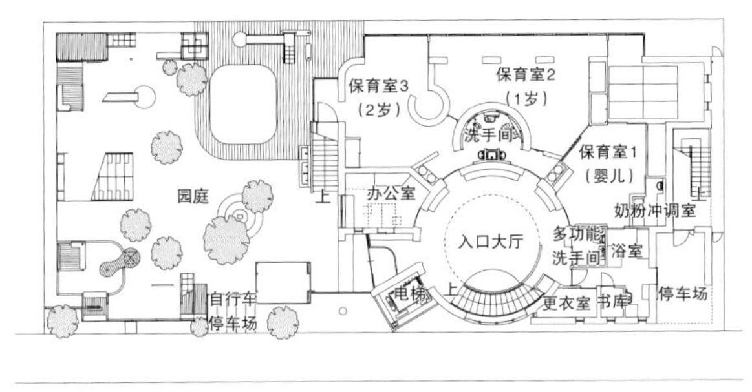


1层平面图

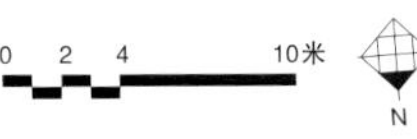


## [设施数据]

**地址：** 埼玉县志木市柏町1-6-71

**建筑所有人：** 艺术宝贝保育株式会社

**建筑、环境设计：** 环境设计研究所（浅井、佐藤文、石原*）

**结构设计：** 增田建筑构造事务所

**设施设计：** 系统规划公司

**施工：** 京成建设

**游乐设备：** 冈部

**结构：** 钢混结构

**层数：** 地上3层

**占地面积：** 660平方米

**建筑面积：** 294平方米

**延床面积：** 743平方米

**竣工日期：** 2012年3月

## [设施概要]

本园是楼盘开发的配套保育园，楼盘位于距离志木市政厅不远处的一片工业用地上。保育园占地面积仅有660平方米，其中4成开辟为园庭，园舍采用3层建筑。围绕“艺术小镇”理念，各种形制的五彩园舍之间通过回廊连接，并在回廊上设置了许多游乐设备。过家家用的店铺、可以和朋友自在玩耍的沙池、滑梯、云梯、升降型游乐设备、传声管、爬滑杆、长椅等，到处都是孩子们的游戏场所。1岁以下宝宝也配备了相应的游乐设备，例如可以穿鞋进入的露台上设有迷你滑梯和迷你过家家店铺，泳池没有水的时候，宝宝还可以在池子里玩球。

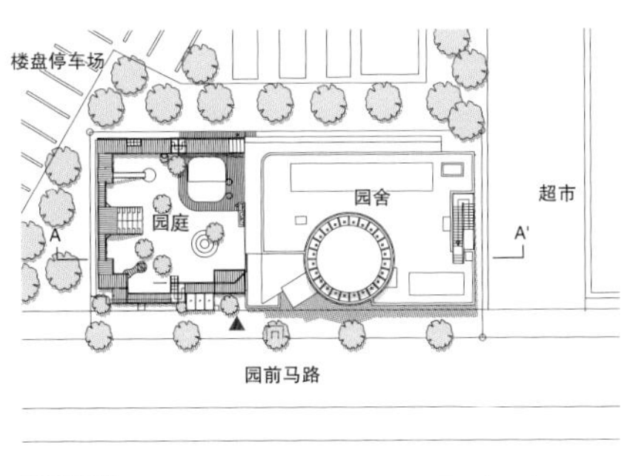


总平面图

0 4 8 20米
N

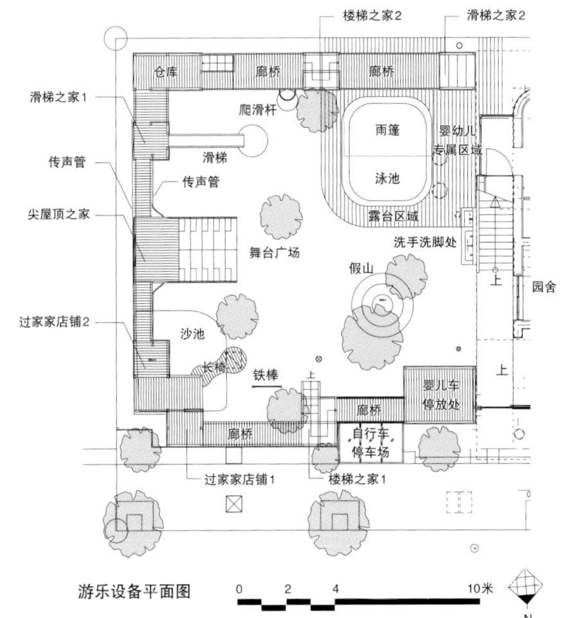


游乐设备平面图

0 2 4 10米
N

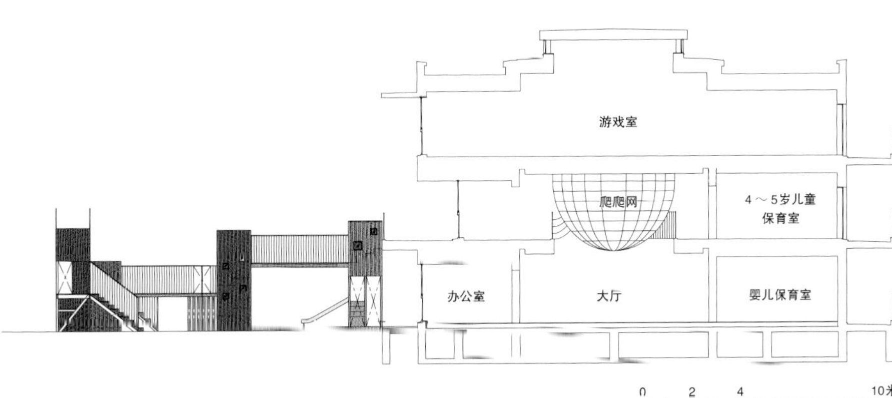


0 2 4 10米

A-A'剖面图

# 好伙伴保育园

静冈县焼津市西小川

| 该园种类 | 竣工年份 | 园地面积 | 游环结构（园舍） | 游环结构（园庭） |
| --- | --- | --- | --- | --- |
| 保育园 | 2014年 | 2500平方米以下 | 内环结构 | 园舍、园庭融合型 |

木造露台连起了每一间保育室，露台足有3米宽，上方廊檐为3.8米，充足的宽度让孩子们更加自由随心。

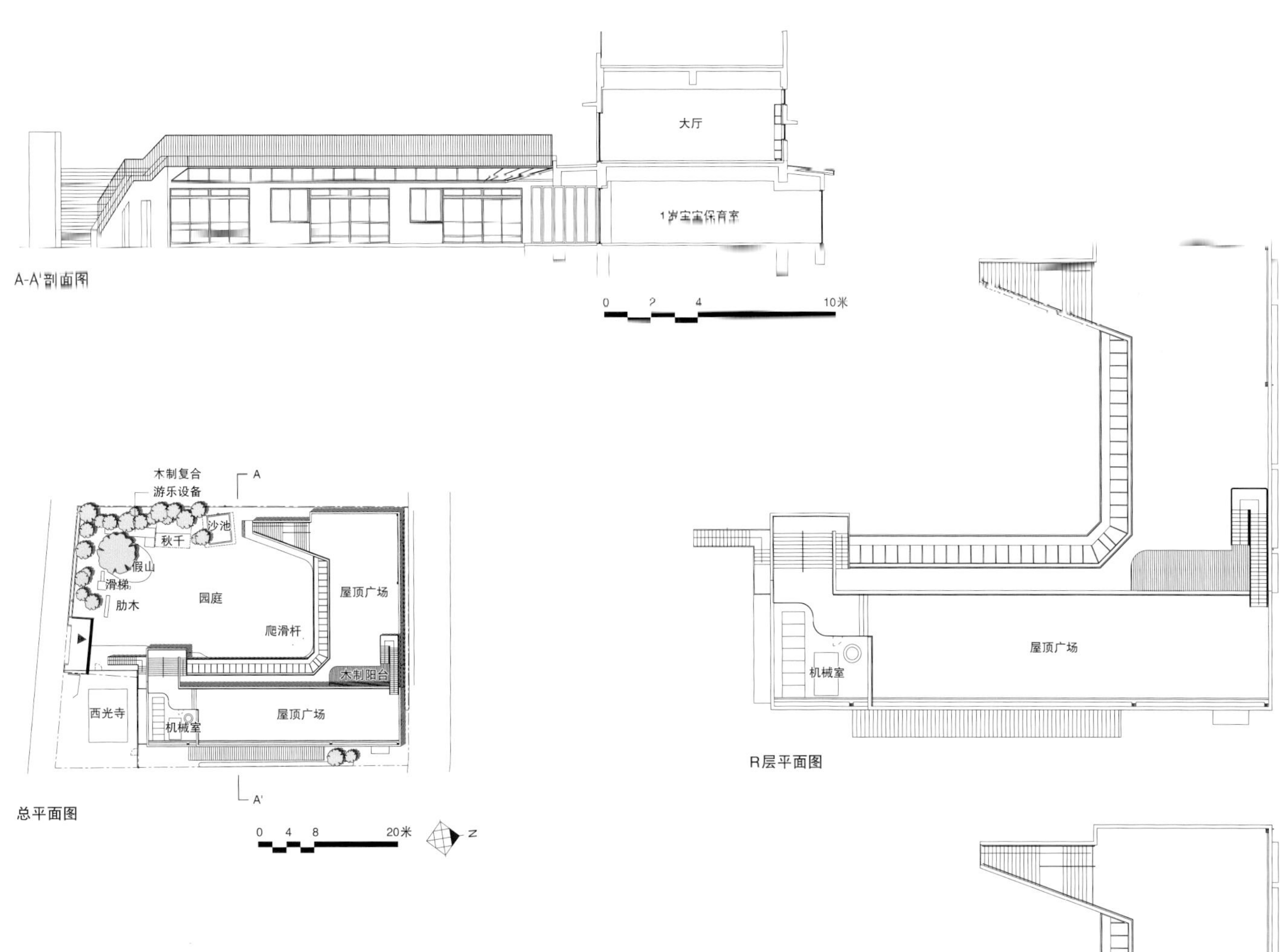


A-A'剖面图

总平面图

R层平面图

## [设施数据]

**地址：**静冈县烧津市西小川6-15-6

**建筑所有人：**社会福祉法人　小川大富福祉法人

**建筑、环境设计：**环境设计研究所

（井上*、浅井、中川、仙田考*）

**结构设计：**增田建筑构造事务所

**设施设计：**ZO设计室

**施工：**桥本组

**结构：**钢混结构

**层数：**地上2层

**占地面积：**1631平方米

**建筑面积：**715平方米

**延床面积：**988平方米

**竣工日期：**2014年3月

## [设施概要]

好伙伴保育园位于静冈县烧津市。本园着力打造最适合孩子的保育环境，实践“太阳下玩泥巴”的保育方针。所有的保育室均设置在1层，2层大厅则是育儿咨询中心。

为最大限度利用有限的面积，开辟尽可能多的各类室外活动区域，园舍的屋顶几乎全部被建成了园庭。屋顶广场可以用作园内活动时的观众席，也可以变成表演的舞台。

此外，为预备将来可能发生的日本东南海地震引发的海啸，本园作为社区的一分子，设计时考虑到尽可能多地容纳园内儿童及社区居民避难，必要时向居民们开放高13米的大屋顶。

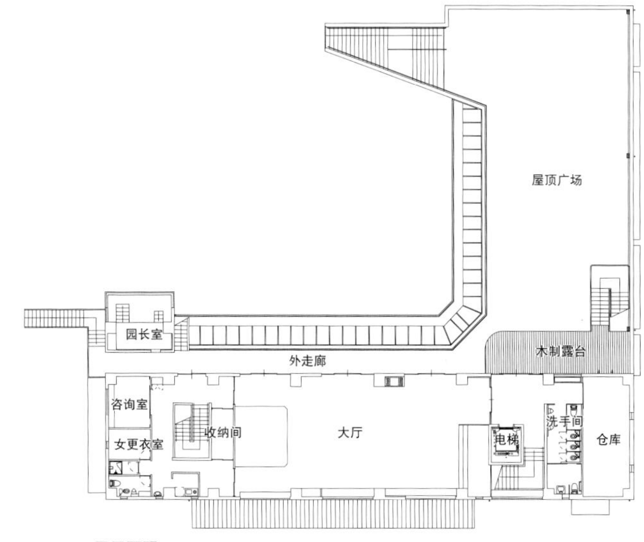


2层平面图

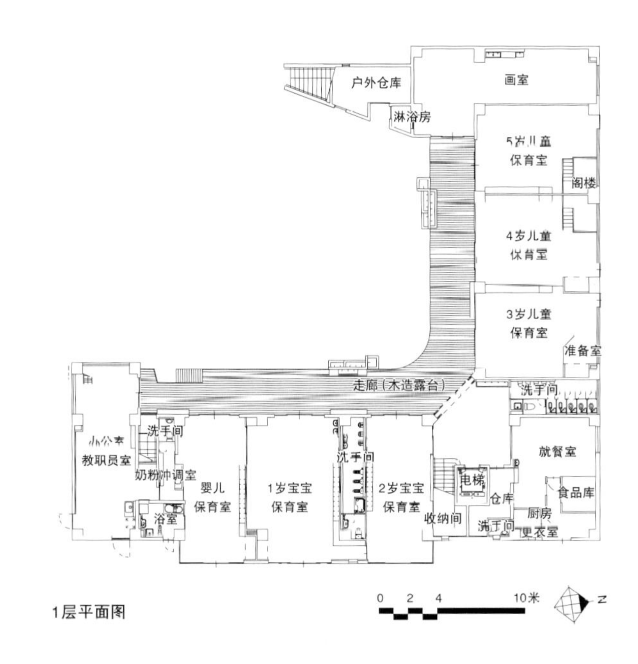


1层平面图

# 艺术宝贝中野南台森林保育园分园

东京都中野区南台

| 该园种类 | 竣工年份 | 园地面积 | 游环结构（园舍） | 游环结构（园庭） |
|---|---|---|---|---|
| 保育园 | 2015年 | 2500平方米以下 | 外环结构 | 园舍、园庭融合型 |

园庭里多个游戏小屋通过悬空回廊连接在一起，孩子们可以在绿荫下尽情嬉戏。

在宽敞的地方和大家一起游玩的时间当然开心，不过迷你的小空间也是孩子们的心头所爱。

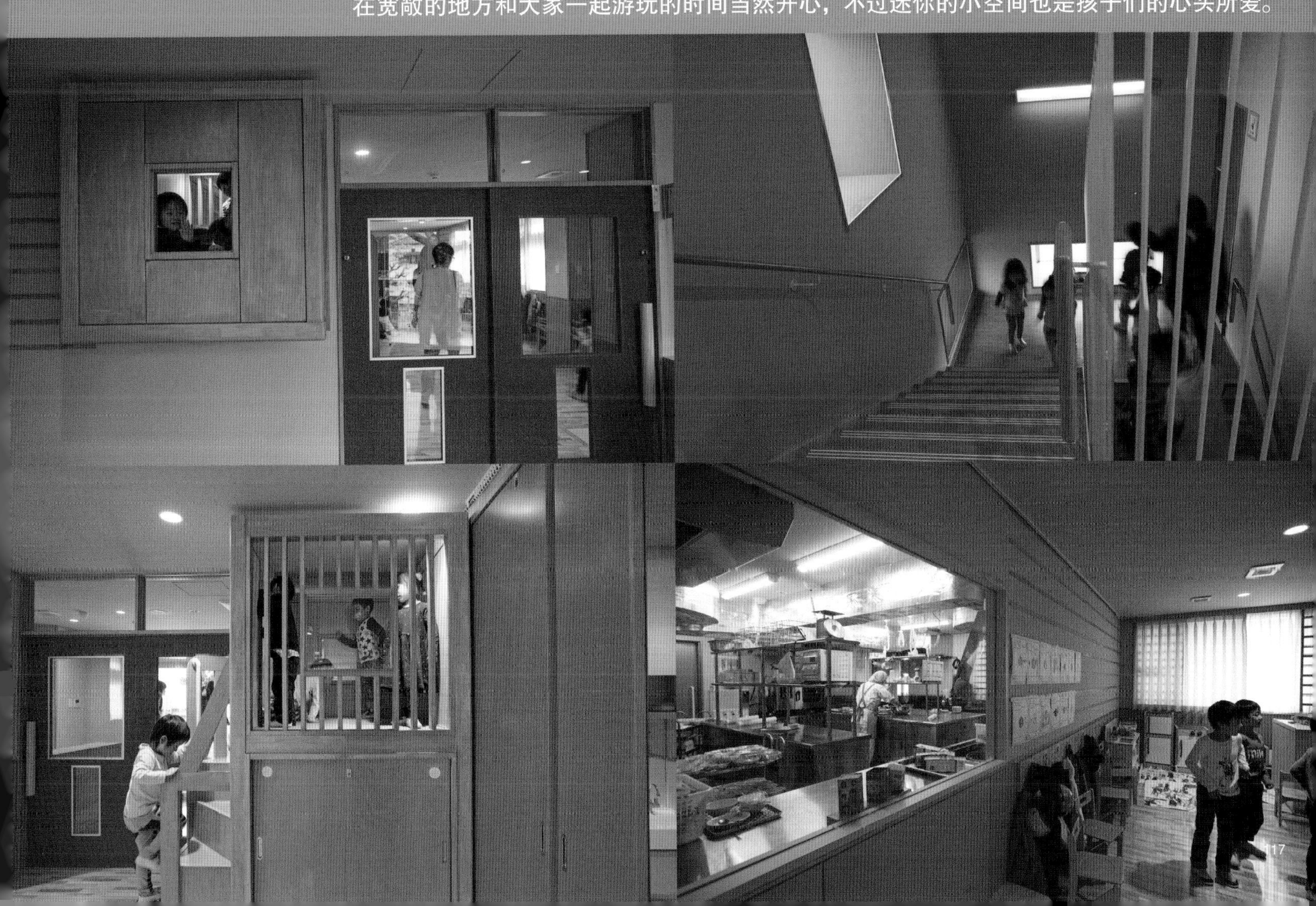

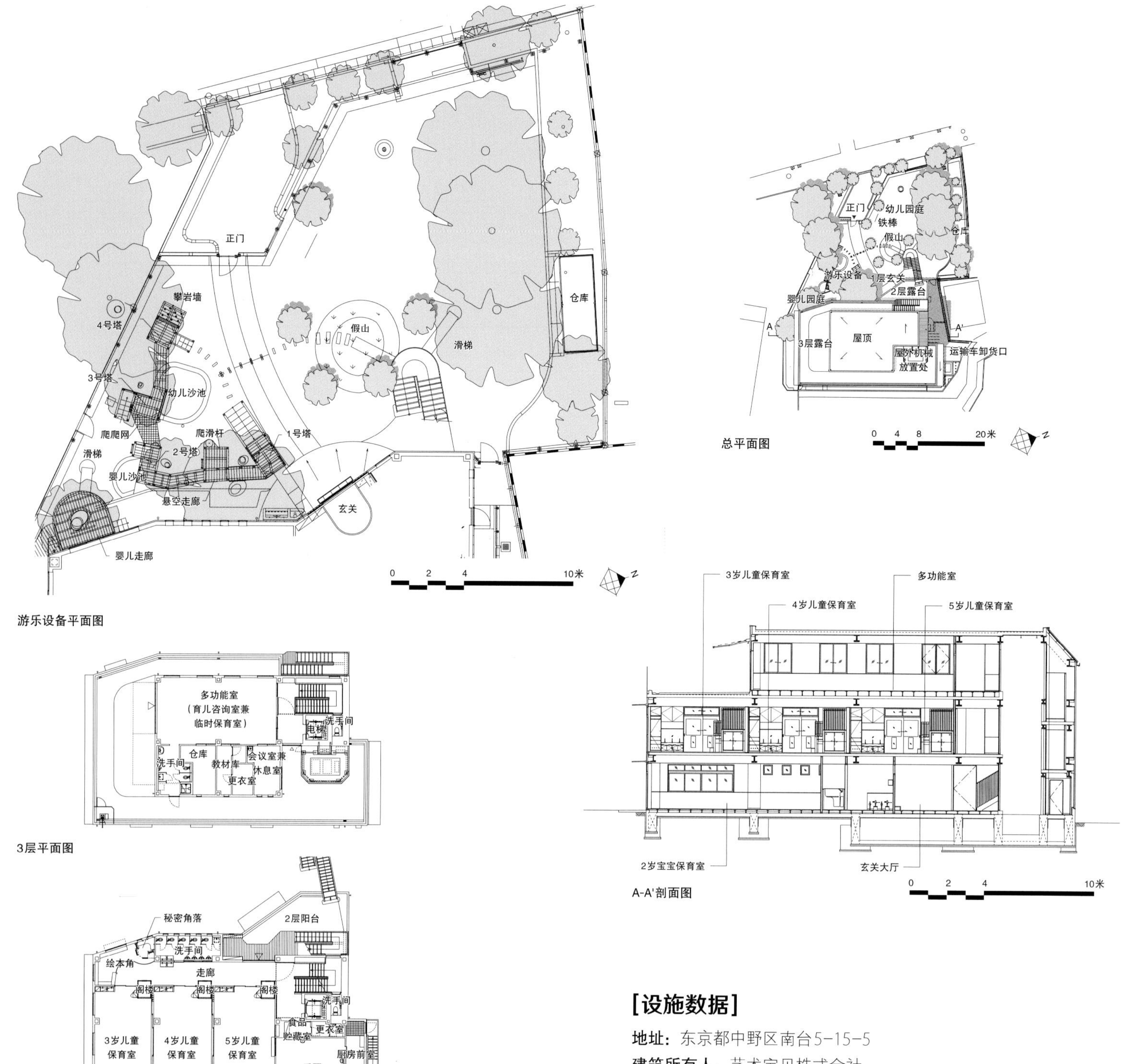


游乐设备平面图

总平面图

3层平面图

A-A'剖面图

2层平面图

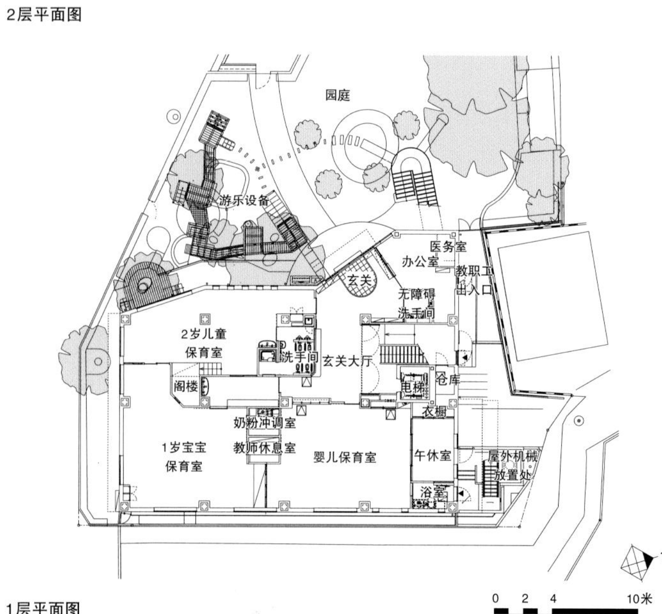


1层平面图

## [设施数据]

**地址：**东京都中野区南台5-15-5
**建筑所有人：**艺术宝贝株式会社
**建筑、环境设计：**环境设计研究所（浅井、武藤、仙田考*、须藤*）
**结构设计：**构造计划
**设施设计：**ZO设计室
**施工：**京成建设
**游乐设备：**冈部
**结构：**钢结构
**层数：**地上3层
**占地面积：**1085平方米
**建筑面积：**389平方米
**延床面积：**866平方米
**竣工日期：**2015年3月

## [设施概要]

本园的原址是一座社区公园和一片空地，公园大约建于40年前，绿化良好，是社区居民一直喜欢的休闲好去处。

为尽可能保留公园内原有的榉树、榎树等高大乔木，新园舍建在了公园旁边的空地上。

施工中不可避免被砍伐的树木，也都重新补上，打造出树木环绕的“森林保育园”，并以此为基本理念。

# 认定幼保园

认定幼保园兼具幼儿园和保育园的功能，园内儿童多为3～5岁，不同需求的孩子共处一园，因此玄关、园内环境等都必须经过仔细考量。本设计院正在倡议，由幼儿园改建或扩建而来的认定幼保园，需要在设计时考虑孩子们和老师们的活动动线。

# 悠悠森林幼保园

神奈川县横滨市都筑区早渕

| 该园种类 | 竣工年份 | 园地面积 | 游环结构（园舍） | 游环结构（园庭） |
|---|---|---|---|---|
| 认定幼保园 | 2005年 | 2500平方米以下 | 内外环结构 | 园舍、园庭融合型 |

原址的斜坡一经改造就成了孩子们的游乐设备。这是一个神奇王国，各个年龄段的孩子都可以找到适合的游戏。

本园虽然位于住宅区内，但仍保留了周边的开阔空间。园内处处都体现了对游环结构的追求。

巨大的爬爬网永远是孩子们游戏的中心。

一步一步往上爬，高处会看见怎样的风景呢？

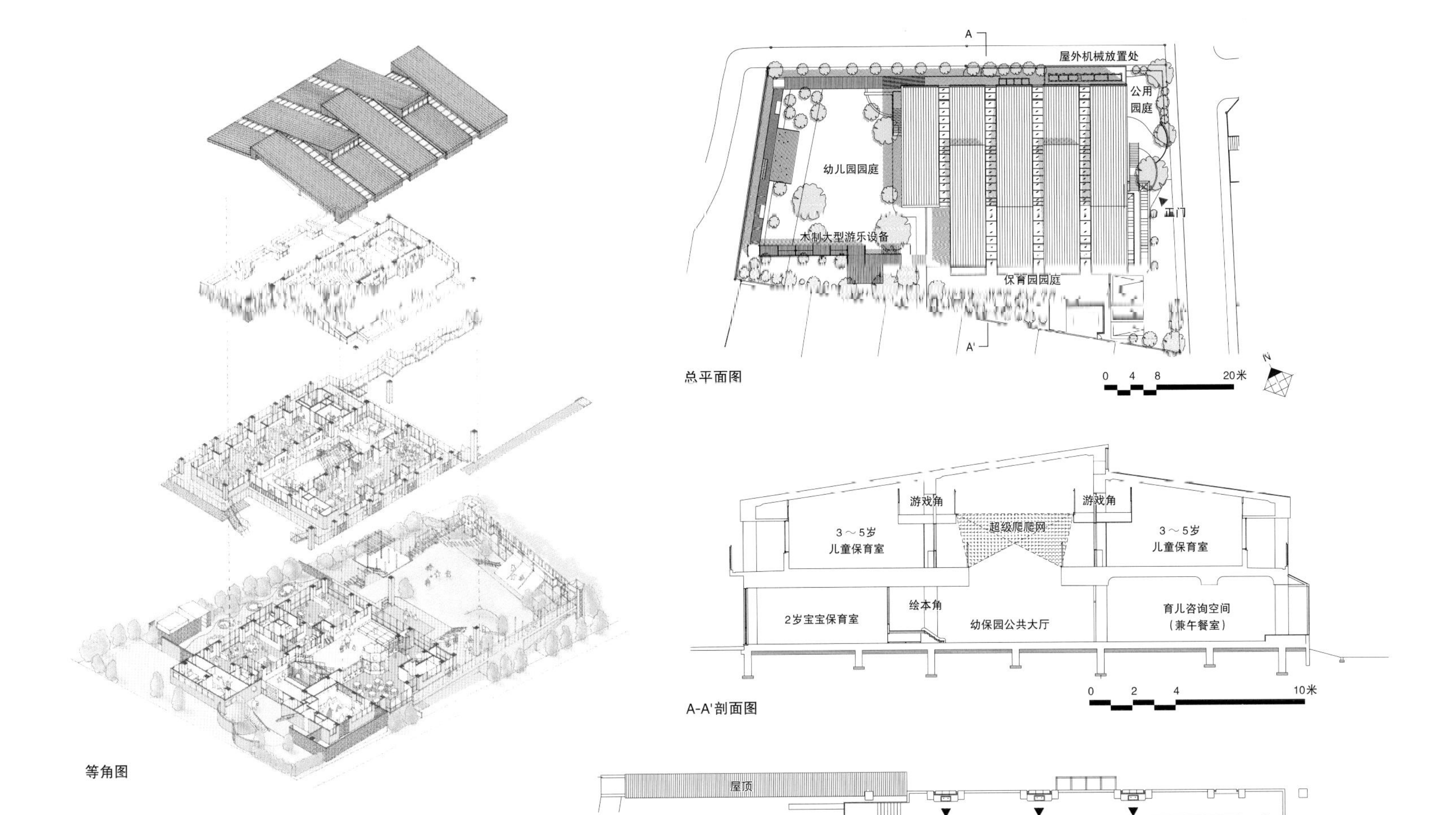


等角图

总平面图

A-A'剖面图

2层平面图

## [设施数据]

**地址：**神奈川县横滨市都筑区早渕2-3-77

**建筑所有人：**学校法人　渡边学园

**建筑、环境设计：**环境设计研究所（浅井、仙田考*）

**结构设计：**金箱构造设计事务所

**设施设计：**日永设计

**施工：**马渊建设

**游乐设备：**冈部

**结构：**钢混结构

**层数：**地上2层、地下1层

**占地面积：**2433平方米

**建筑面积：**962平方米

**延床面积：**1540平方米

**竣工日期：**2005年3月

## [设施概要]

本园位于横滨市港北新城东面的一片住宅区内，原址地皮归横滨市所有，从市营地铁仲町台站步行20分钟即可到达，是综合了幼儿园、保育园的幼保一体化设施。占地面积约2400平方米，西面为斜坡，周边没有高大建筑物，从丹泽连山上甚至可以远眺富士山。本园努力打造孩子、家长、老师互相交流的良好环境。入园口大气宽敞，中央大厅大楼梯下特别设置了长椅。多功能室可直接从外部进入，且单独配有洗手间，可供家长们集会，只要取了钥匙，即使是休园的日子也可以使用。

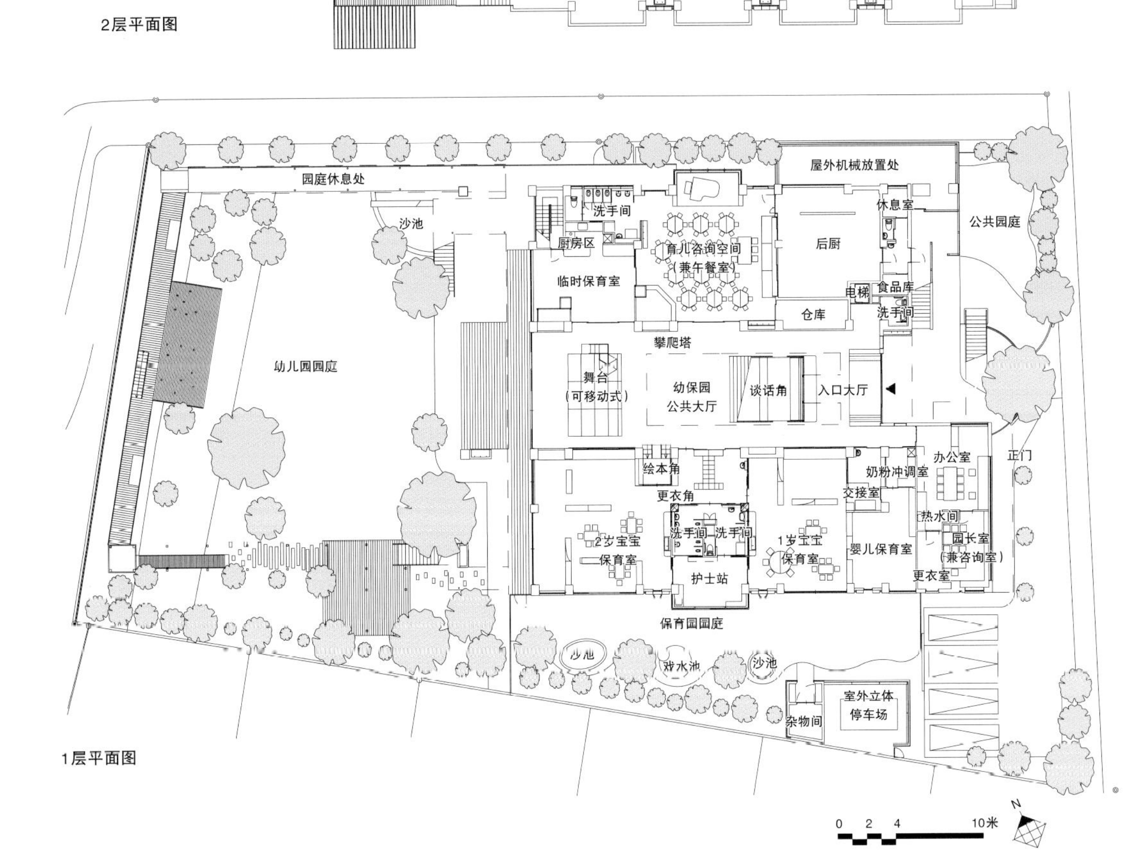


1层平面图

# 千草幼保园

群马县沼田市

| 该园种类 | 竣工年份 | 园地面积 | 游环结构（园舍） | 游环结构（园庭） |
| --- | --- | --- | --- | --- |
| 认定幼保园 | 2015年 | 2500～5000平方米 | 内环结构 | 园舍、园庭融合型 |

扇形的保育室一出来就是园庭。来，一起玩雪吧！

保育室全部众星拱月般朝向中央的大厅，这里自然而然成为大家的交流空间。

每间保育室里入眼即木质的梁柱，与室外的森林相呼应。

宽敞的木质空间足够孩子们玩耍活动。而小小的迷你空间则是孩子们稍作休息的绿洲。

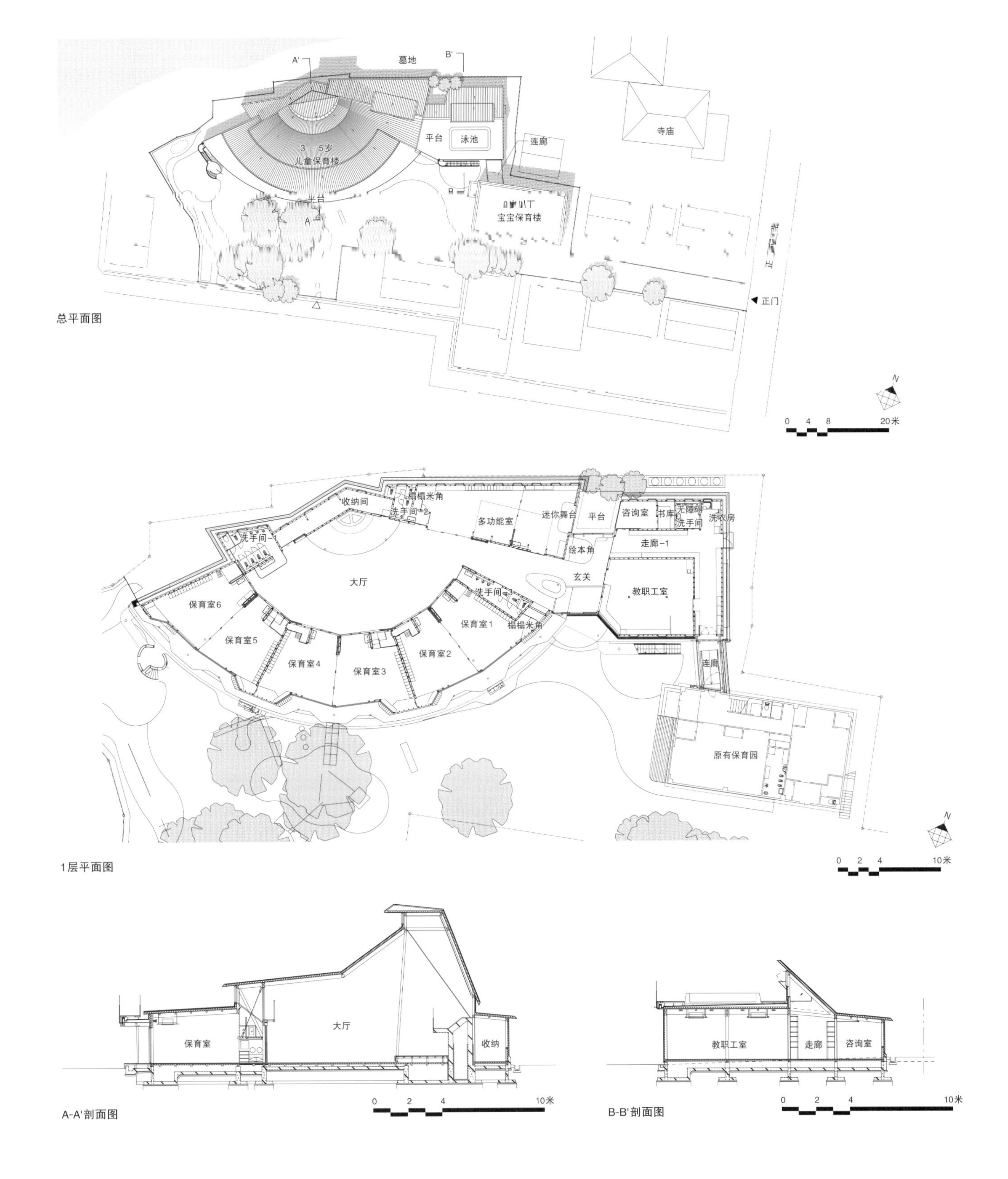

总平面图

1层平面图

A-A'剖面图

B-B'剖面图

## [设施数据]

**地址：** 群马县沼田市柳町394

**建筑所有人：** 学校法人　栉渕学园、社会福祉法人　千草

**建筑、环境设计：** 环境设计研究所（浅井、宇佐美、武藤、町田）

**结构设计：** 木下洋介构造设计室

**设施设计：** ZO设计室

**施工：** 角屋建设

**结构：** 木结构 部分钢结构

**层数：** 地上1层

**占地面积：** 2696平方米

**建筑面积：** 1022平方米（新建部分为854平方米）

**延床面积：** 1108平方米（新建部分为800平方米）

**竣工日期：** 2015年12月

## [设施概要]

本园是一所认定幼保园，位于群马县沼田市的一片高岗上。巨大的扇形木造屋顶采用悬吊式结构，与周边群山相呼应，覆盖了大厅和所有保育室，保证在园内的任何地方都可以看到孩子的身影。保育室背靠大厅，面朝园庭，孩子们随时都可以自由进出大厅和园庭。南面的屋顶平台可以利用游乐设备、楼梯，以及旧址上原有的樱花树，与园庭直接相通。此外，平台上还设有泳池，旨在发挥第二园庭的作用。

# 认定幼保园　峰冈幼儿园

区峰冈町

| 该园种类 | 竣工年份 | 园地面积 | 游环结构（园舍） | 游环结构（园庭） |
| --- | --- | --- | --- | --- |
| 认定幼保园 | 2015年 | 2500平方米以下 | 内环结构 | 园舍、园庭融合型 |

所有的园舍建筑均通过2层连在一起。屋顶之下是一片巨大的网状游乐设备。

刮风下雨也不怕，因为有屋顶遮阳挡雨，孩子们任何时候都可以尽情游戏。

楼梯边带有大大的、明亮的窗户，每一次上下楼梯都可以做到“景随步移”。

游戏室面向园庭敞开，阵阵的微风吹来四季的气息。

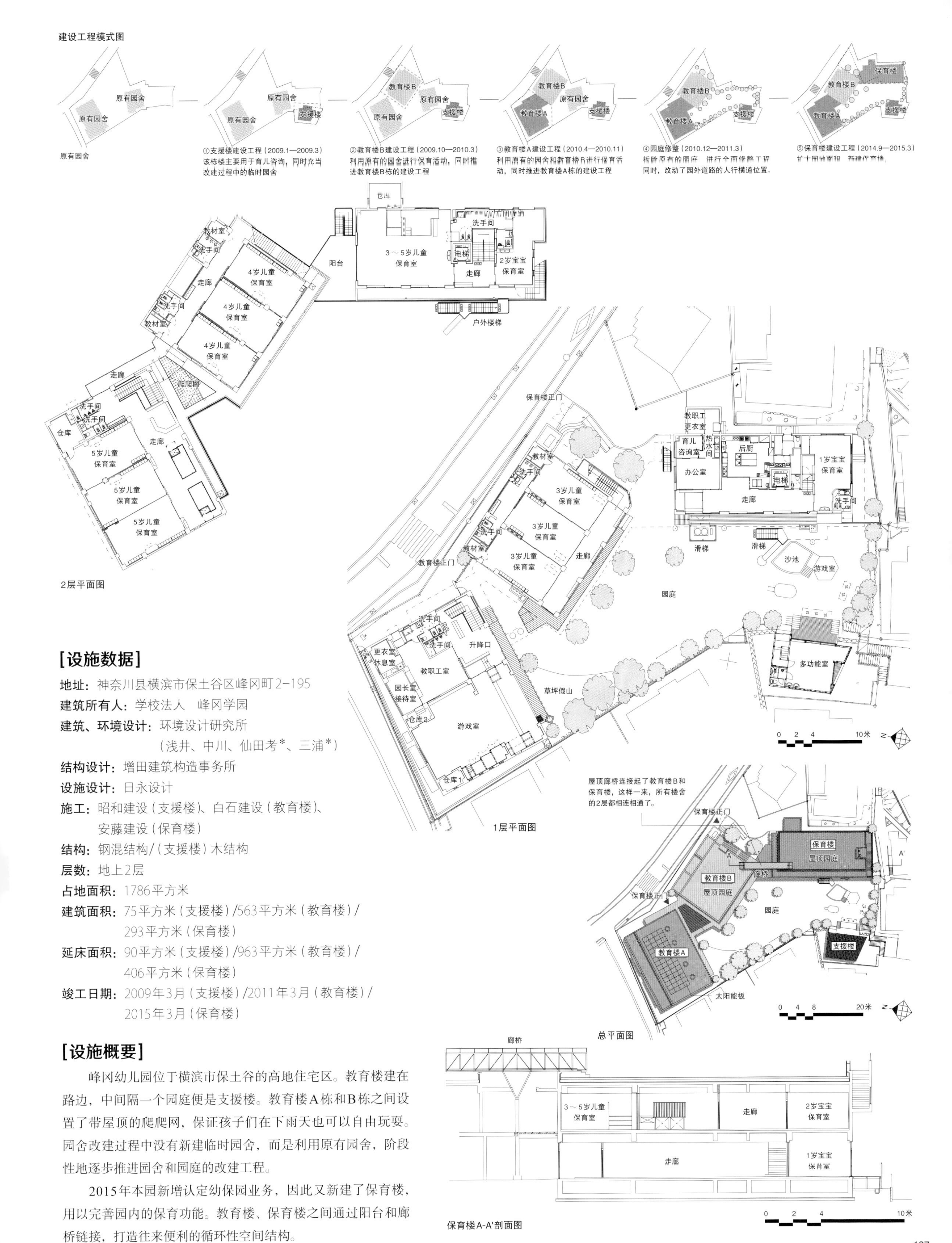


## [设施数据]

**地址：** 神奈川县横滨市保土谷区峰冈町2-195

**建筑所有人：** 学校法人　峰冈学园

**建筑、环境设计：** 环境设计研究所（浅井、中川、仙田考*、三浦*）

**结构设计：** 增田建筑构造事务所

**设施设计：** 日永设计

**施工：** 昭和建设（支援楼）、白石建设（教育楼）、安藤建设（保育楼）

**结构：** 钢混结构/（支援楼）木结构

**层数：** 地上2层

**占地面积：** 1786平方米

**建筑面积：** 75平方米（支援楼）/563平方米（教育楼）/293平方米（保育楼）

**延床面积：** 90平方米（支援楼）/963平方米（教育楼）/406平方米（保育楼）

**竣工日期：** 2009年3月（支援楼）/2011年3月（教育楼）/2015年3月（保育楼）

## [设施概要]

峰冈幼儿园位于横滨市保土谷的高地住宅区。教育楼建在路边，中间隔一个园庭便是支援楼。教育楼A栋和B栋之间设置了带屋顶的爬爬网，保证孩子们在下雨天也可以自由玩耍。园舍改建过程中没有新建临时园舍，而是利用原有园舍，阶段性地逐步推进园舍和园庭的改建工程。

2015年本园新增认定幼保园业务，因此又新建了保育楼，用以完善园内的保育功能。教育楼、保育楼之间通过阳台和廊桥链接，打造往来便利的循环性空间结构。

# 认定幼保园　四街道

千叶县四街道市下志津新田

| 该园种类 | 竣工年份 | 园地面积 | 游环结构（园舍） | 游环结构（园庭） |
| --- | --- | --- | --- | --- |
| 认定幼保园 | 2010年 | 5000平方米以上 | 内环结构 | 环状园庭型 |

绘本角、回廊、露台……每一处都十分宽敞，园舍与户外空间的衔接平缓而自然。

幼儿园周边有树林，简直是自然的宝库。看！我抓到了一只蚱蜢！

## [设施数据]

**地址：** 千叶县四街道市下志津新田2531-9
**建筑所有人：** 学校法人　下志津学园
**建筑、环境设计：** 环境设计研究所（浅井、中川、仙田考*、铃木*）
**结构设计：** 金箱构造设计事务所
**设施设计：** 日永设计
**施工：** [illegible]工业
**结构：** 木结构、钢结构
**层数：** 地上1层
**占地面积：** 5547平方米
**建筑面积：** 1484平方米
**延床面积：** 1418平方米
**竣工日期：** 2007年2月（幼儿园）　2010年9月（认定幼保园）

## [设施概要]

幼儿园位于千叶县四街道市的住宅区。园舍大致分为两个部分，一部分是经过改建的南北向木结构园舍，另一部分是进行了抗震升级的东西向保育室。园舍内部大量使用木材，打造温馨的室内环境。园庭和周边的自然环境是本园的特色。园舍后方是美丽的竹林、自然农业体验区域“体验森林”、新游乐设备“游林园”内的草坪小丘等，让孩子们在充满自然气息的园庭内茁壮成长。2010年，幼儿园为升级成为认定幼保园，实施了相应的改建工程。

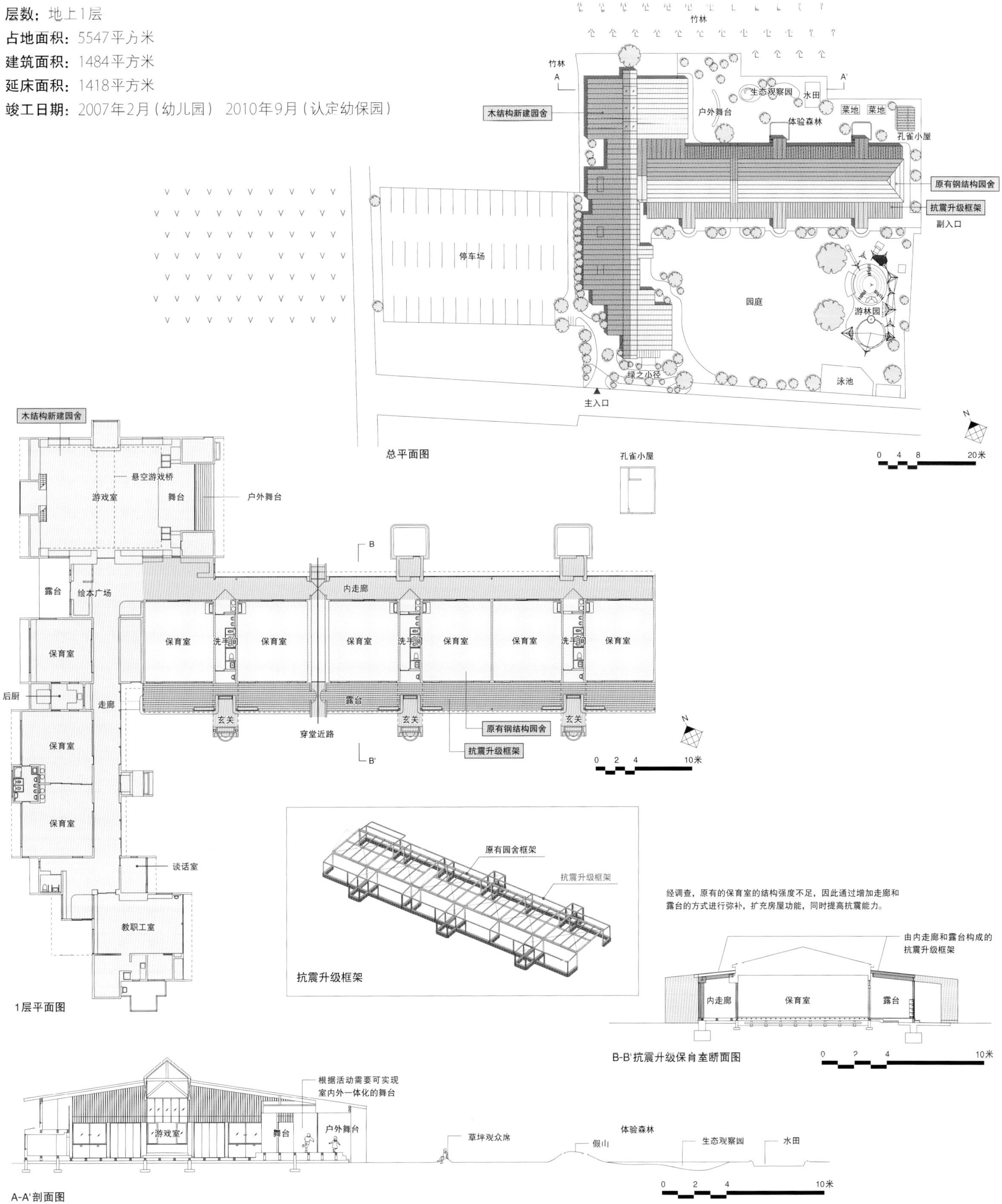

# 幼保合作型认定幼保园 若叶保育园

富山县富山市堀川町

| 该园种类 | 竣工年份 | 园地面积 | 游环结构（园舍） | 游环结构（园庭） |
| --- | --- | --- | --- | --- |
| 认定幼保园 | 2015年 | 2500～5000平方米 | 内环结构 | 环状园庭型 |

各保育室如众星拱月一般围绕着中庭的育儿咨询室。一道连廊连起了停车场与园舍入口，雨雪天气也能快乐入园。

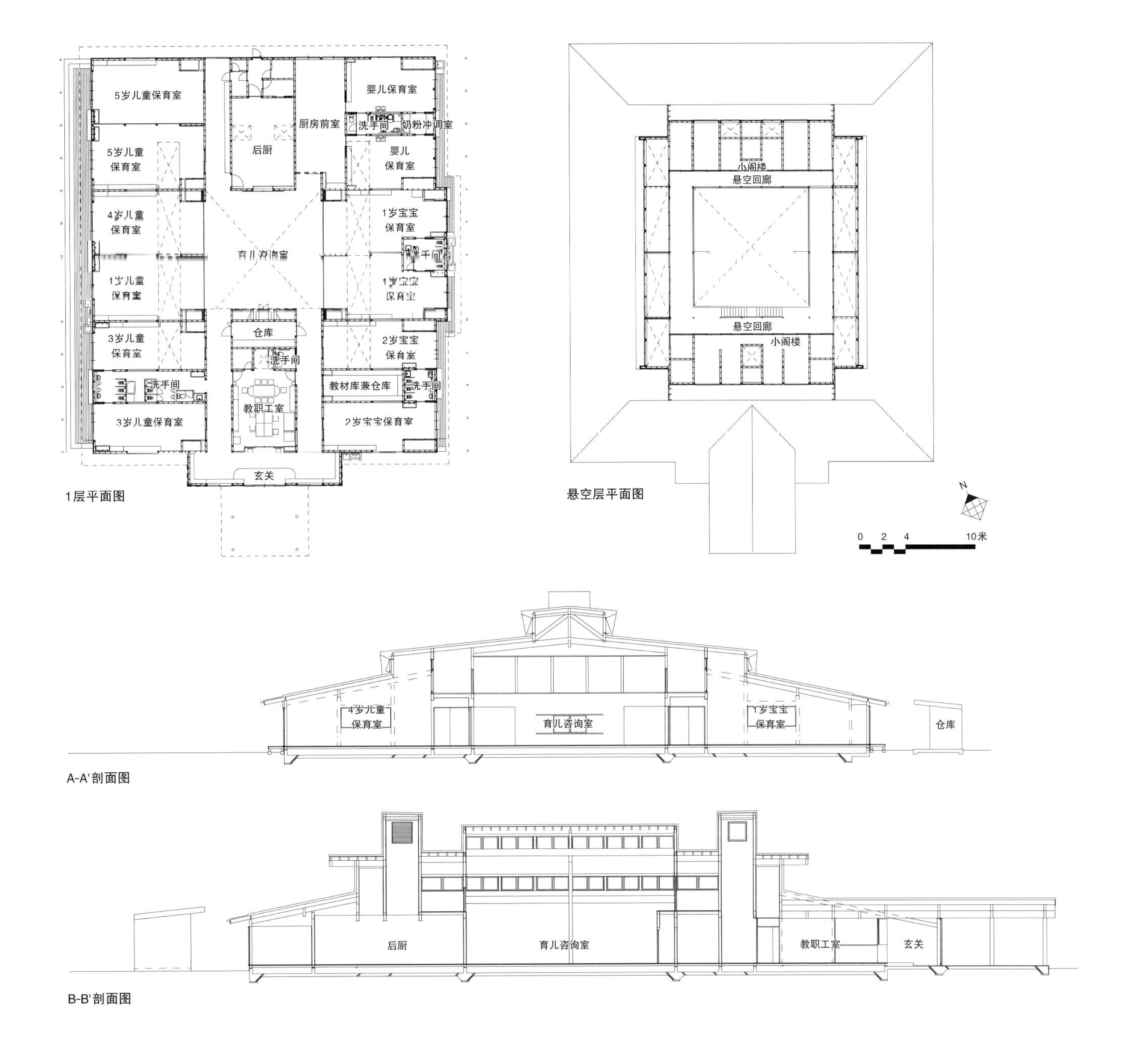


1层平面图

悬空层平面图

A-A'剖面图

B-B'剖面图

## [设施数据]

**地址：** 富山县富山市堀川町55

**建筑所有人：** 社会福祉法人　若叶福祉会

**建筑、环境设计：** 环境设计研究所（浅井、长谷川、佐藤文*）

**结构设计：** 山田宪明构造设计事务所

**设施设计：** TETENS事务所

**施工：** 辻建设·石原建筑企业联合体

**结构：** 木结构

**层数：** 地上1层

**占地面积：** 3633平方米

**建筑面积：** 1169平方米

**延床面积：** 1111平方米

**竣工日期：** 2015年3月

## [设施概要]

若叶保育园位于富山平原，周边自然环境优美，占地面积约3600平方米，宽敞的一层木结构园舍面积约990平方米，建筑风格沉稳大气，是当地的代表建筑。屋顶采用了大量的高窗，有效促进采光和空气流通，打造会呼吸的环境型建筑。此外，为保证师生在室内的舒适和愉快，采用除湿空调换气装置调节室内湿度，地面空调出风口不直接对着人，打造室内地面冬暖夏凉的舒适保育环境。园舍中央的育儿咨询室是一块多功能的空间，上方是悬空回廊，共同构成横纵向立体游环结构。

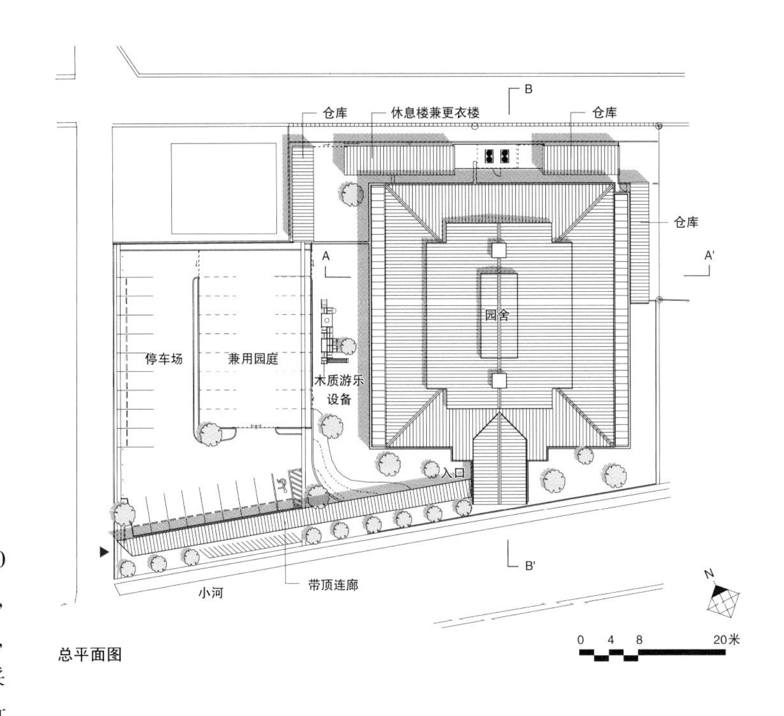


总平面图

# 关东学院六浦儿童园

神奈川县横滨市金泽区六浦东

| 该园种类 | 竣工年份 | 园地面积 | 游环结构（园舍） | 游环结构（园庭） |
|---|---|---|---|---|
| 认定幼保园 | 2013年 | 2500～5000平方米 | 内外环结构 | 园舍、园庭融合型 |

可供全员一起使用的开放式共享空间。大家一起在午餐室吃饭，饭更香了。

园庭和园舍可供孩子们尽情游戏。带游乐设备的阁楼是孩子们的秘密基地。

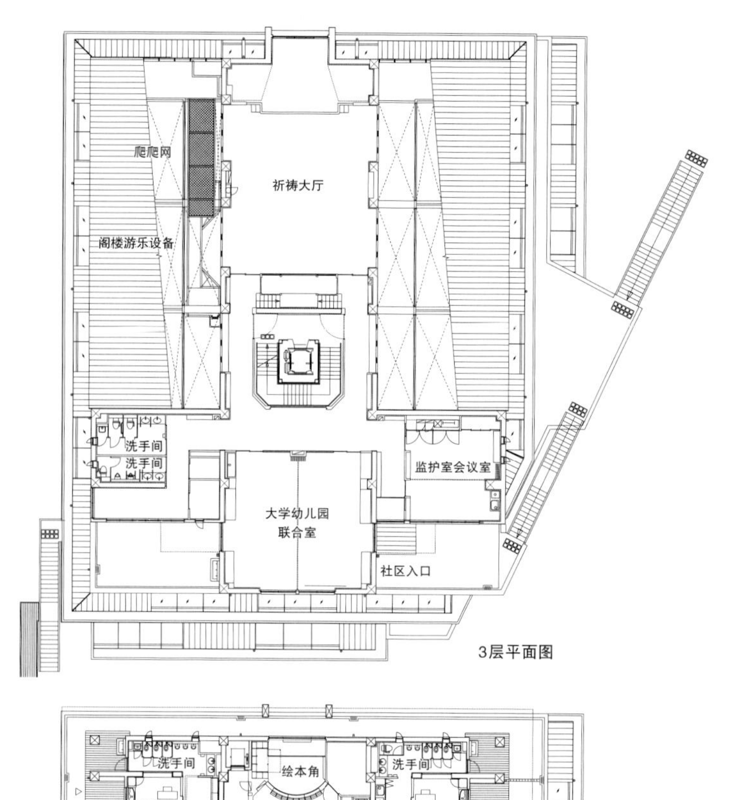

3层平面图

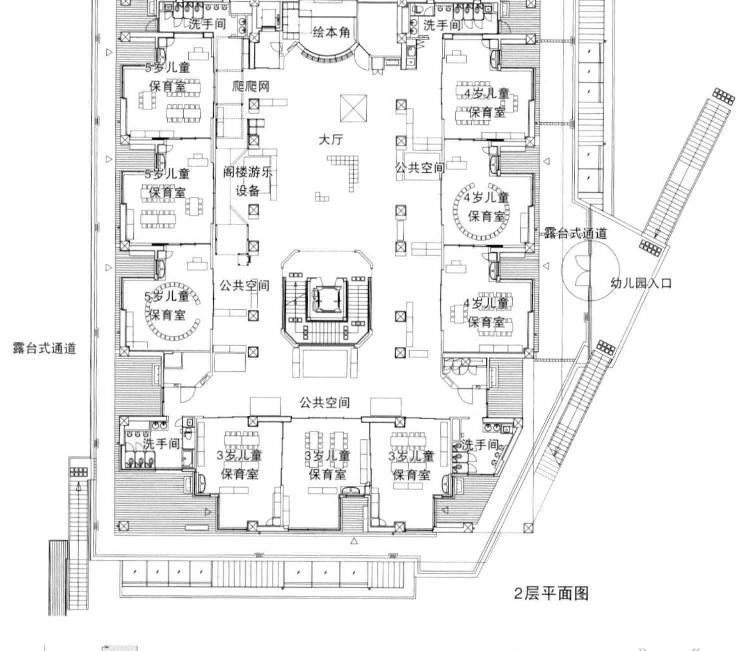

2层平面图

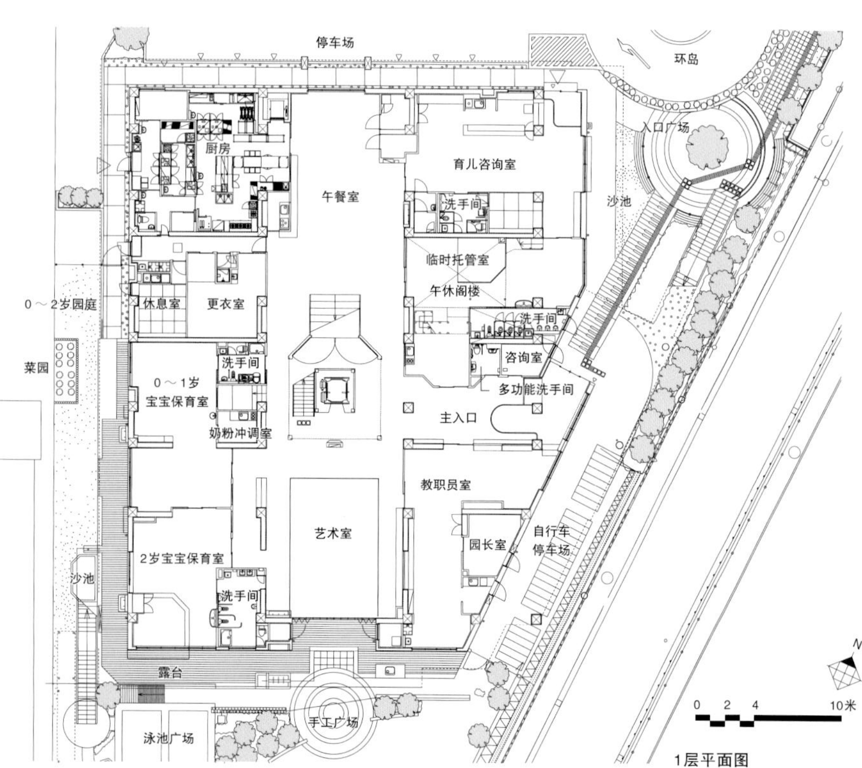

1层平面图

## [设施数据]

**地址**：神奈川县横滨市金泽区六浦东1-50-1

**建筑所有人**：学校法人　关东学院

**建筑、环境设计**：环境设计研究所

（井上*、浅井、中川、小久保、里、佐藤文*）

**结构设计**：金箱构造设计事务所

**设施设计**：日永设计

**景观设计支持**：关东学院大学中津研究室+SITE WORKS有限公司

**施工**：马渊建设　**游乐设备**：冈部　**结构**：钢混结构　**层数**：地上3层

**占地面积**：3489平方米　**建筑面积**：1264平方米

**延床面积**：2735平方米　**竣工日期**：2013年3月

## [设施概要]

本园位于横滨市南部，是在原关东学院六浦幼儿园的基础上进行的改建。

幼儿园新址选在关东学院大学金泽八景校区内，于2013年春季正式开园。配合南北向长条形地皮形状，北侧建园舍、南侧造园庭，园舍中央为大厅，保育室围绕其外。

1楼设有办公室、0～2岁宝宝保育室、后厨、育儿咨询室、公共大厅，2楼为3～5岁儿童保育室、公共大厅，3楼作为大学和社区联合空间，面向学生和监护人开辟多功能室，可利用户外楼梯从入园口直达3层。建筑立面以十字为主题，打造天主教式学院风格。

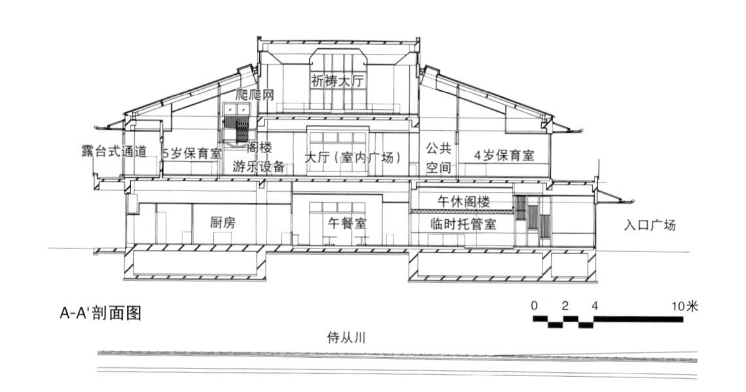

A-A'剖面图

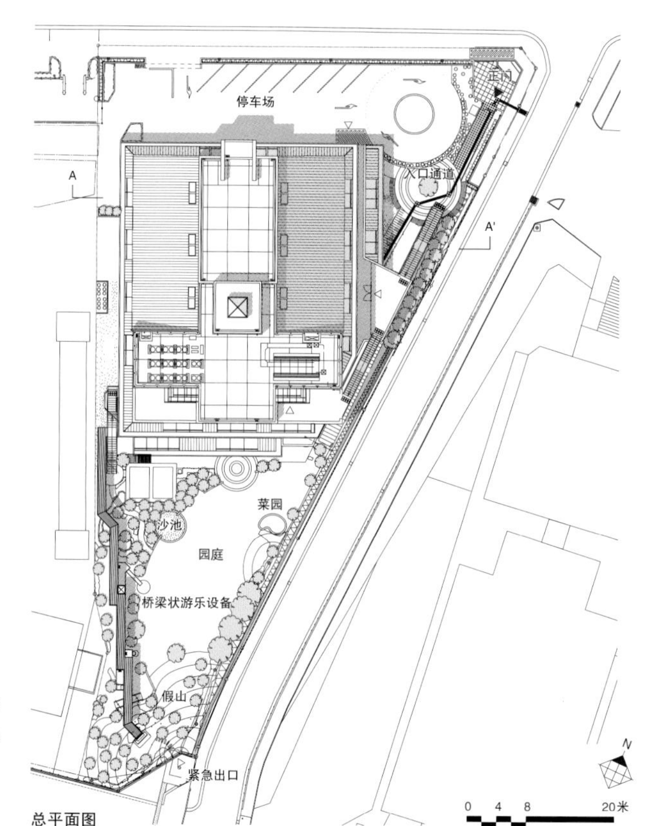

总平面图

# 复合型园

未来的幼儿园，必须灵活地应对少子化、入园难等各种社会和时代的变化。目前涌现出了越来越多的复合型幼儿园，它们或增加了小规模保育设施、完善了育儿支援功能，又或是在原有园舍和园庭的基础上追加绘本馆、儿童游乐场地，等等。

# 小白鸽幼儿园<br>小白鸽绘本馆<br>小白鸽之森保育园

岐阜县岐阜市鹿岛町

| 该园种类 | 竣工年份 | 园地面积 | 游环结构（园舍） | 游环结构（园庭） |
| --- | --- | --- | --- | --- |
| 复合型（幼儿园） | 2015年 | 5000平方米以上 | 外环结构 | 园庭广场中心型 |

孩子们在大型回廊型游乐设备“转转廊”上玩得不亦乐乎。

百年老榉树是园庭的象征，树周边搭了一圈木质小平台，变成了孩子们的迷你跑道。

绘本馆的正中央是一座高大的“书塔”。今天读什么书好呢？

桐木书架林立的读书室里，孩子们可以各自选择自己爱看的书。听老师念绘本也是孩子们喜爱的活动之一。

露台上方有大大的顶棚，是孩子们的另一座广场。

开放明亮的保育室里，室外的阳光洒到地板上。

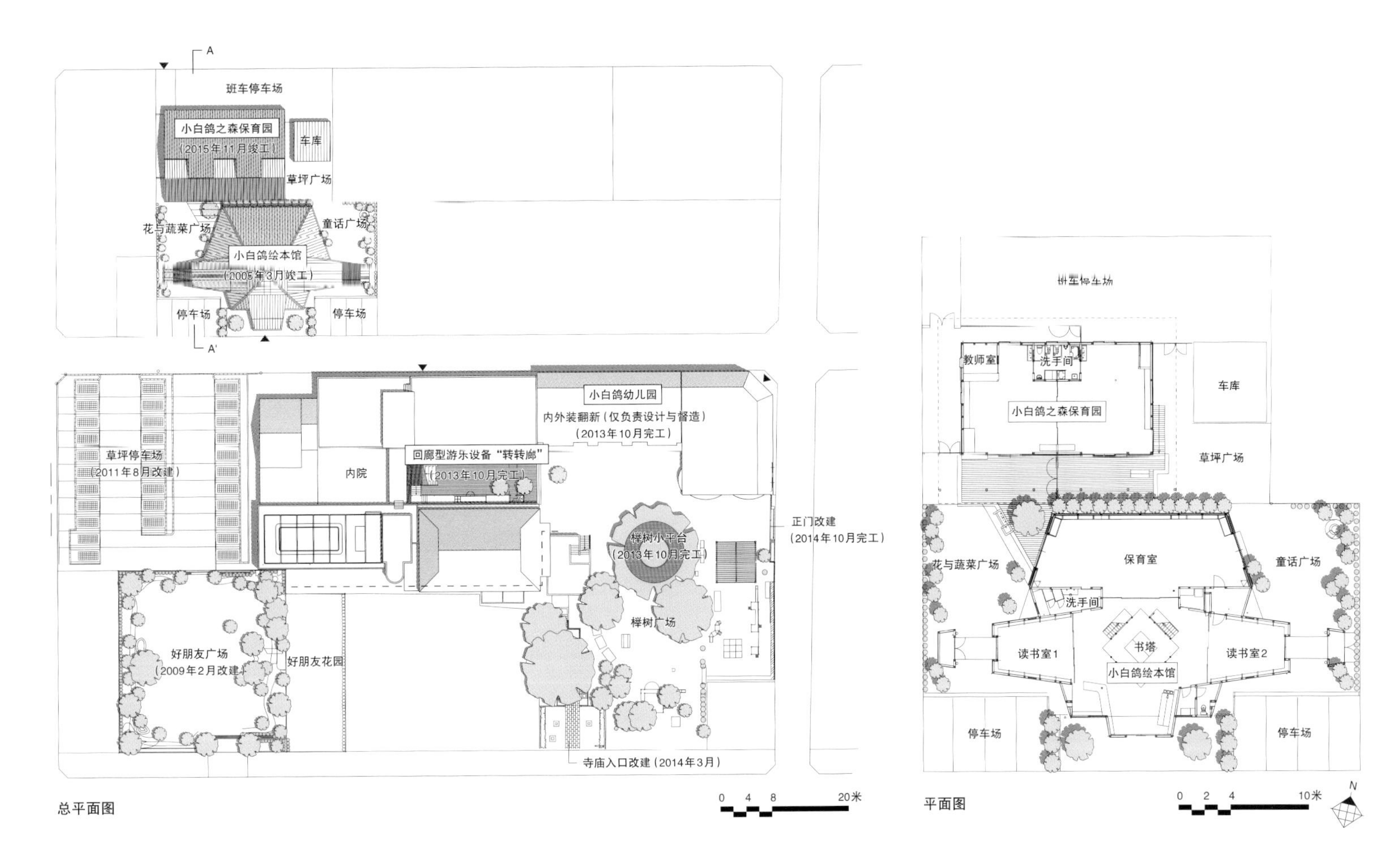


总平面图　　平面图

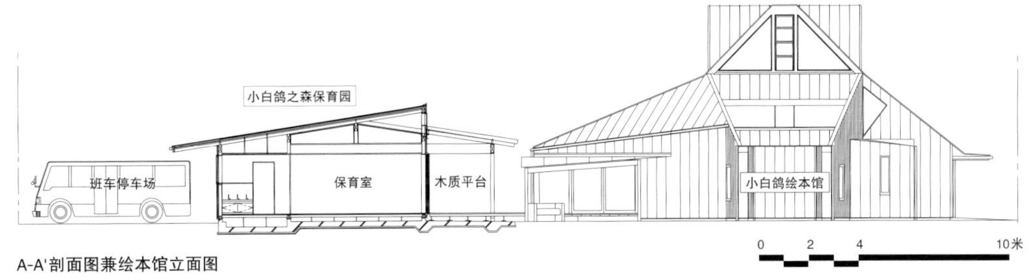


A-A'剖面图兼绘本馆立面图

## [设施数据]

**地址：**岐阜县岐阜市鹿岛町4-15
**建筑所有人：**学校法人　加纳学园

**■小白鸽绘本馆**
**建筑、环境设计：**环境设计研究所（长谷川、仙田有*、仙田考*）
**结构设计：**金箱构造设计事务所
**设施设计：**日永设计　**施工：**东建设工业　**结构：**木结构
**层数：**地上2层　**占地面积：**674平方米　**建筑面积：**270平方米
**延床面积：**321平方米　**竣工日期：**2005年3月

**■小白鸽之森保育园**
**建筑、环境设计：**环境设计研究所（长谷川、仙田有*、仙田考*）
**结构设计：**饭岛建筑事务所
**设施设计：**D-PLAN
**施工：**东建设工业　**结构：**木结构　**层数：**地上1层
**占地面积：**453平方米　**建筑面积：**194平方米
**延床面积：**159平方米　**竣工日期：**2015年11月

## [设施概要]

**■小白鸽幼儿园主园改建工程**

小白鸽幼儿园主园位于岐阜市的某住宅区内，与寺院神社毗邻，已有60余年的历史。

近年来，全园区一同积极推进校园绿化，开展"小白鸽森林计划"，对幼儿园主园进行了翻修，包括好朋友广场、草坪停车场、屋顶太阳能板、墙面绿化、檐廊木地板等，同时还对玄关、保育室和洗手间的内装潢进行了木质化翻新。

此外，对园庭里的百年老榉树进行了修缮保护，修整了连接园舍和寺庙神社的回廊型游乐设备"转转廊"、栅栏围墙和门楼等，全面协调优化了孩子们的游戏环境与整体绿化。

**■小白鸽绘本馆**

小白鸽幼儿园主园北侧一路之隔的地方，新建了绘本馆。读书室内立着一排排桐木书架，馆内的"书塔"可以陈列大量书籍。在保育室内孩子们可以互相交流。还开辟了童话广场，让孩子们在户外也能畅游书本的海洋，培养孩子的想象力和创造力。

**■小白鸽之森保育园**

这是一座由2间教室组成的木质园舍，包括小型保育室和学龄前儿童教室，面向低龄儿童，着力打造像家一样令人安心的园舍空间。

此外，园舍的设计充分考虑到与隔壁小白鸽绘本馆的建筑连续性，以及从主园和停车场到本园舍的人员动线。

# 宝德幼儿园　儿童之森保育中心

福岛县磐城市后田町石田

| 该园种类 | 竣工年份 | 园地面积 | 游环结构（园舍） | 游环结构（园庭） |
| --- | --- | --- | --- | --- |
| 复合型（幼儿园） | 2002年 | 5000平方米以上 | 内环结构 | 园庭广场中心型 |

幼儿园就是一整片农场，后山是林区，菜地和牧场就是天然园庭，孩子们可以在这里安心地生活。

各个保育室之间通过“漫步空间”串联起来，宽敞的空间适合各种活动。不同年级的孩子们可以在这里接触和交流。

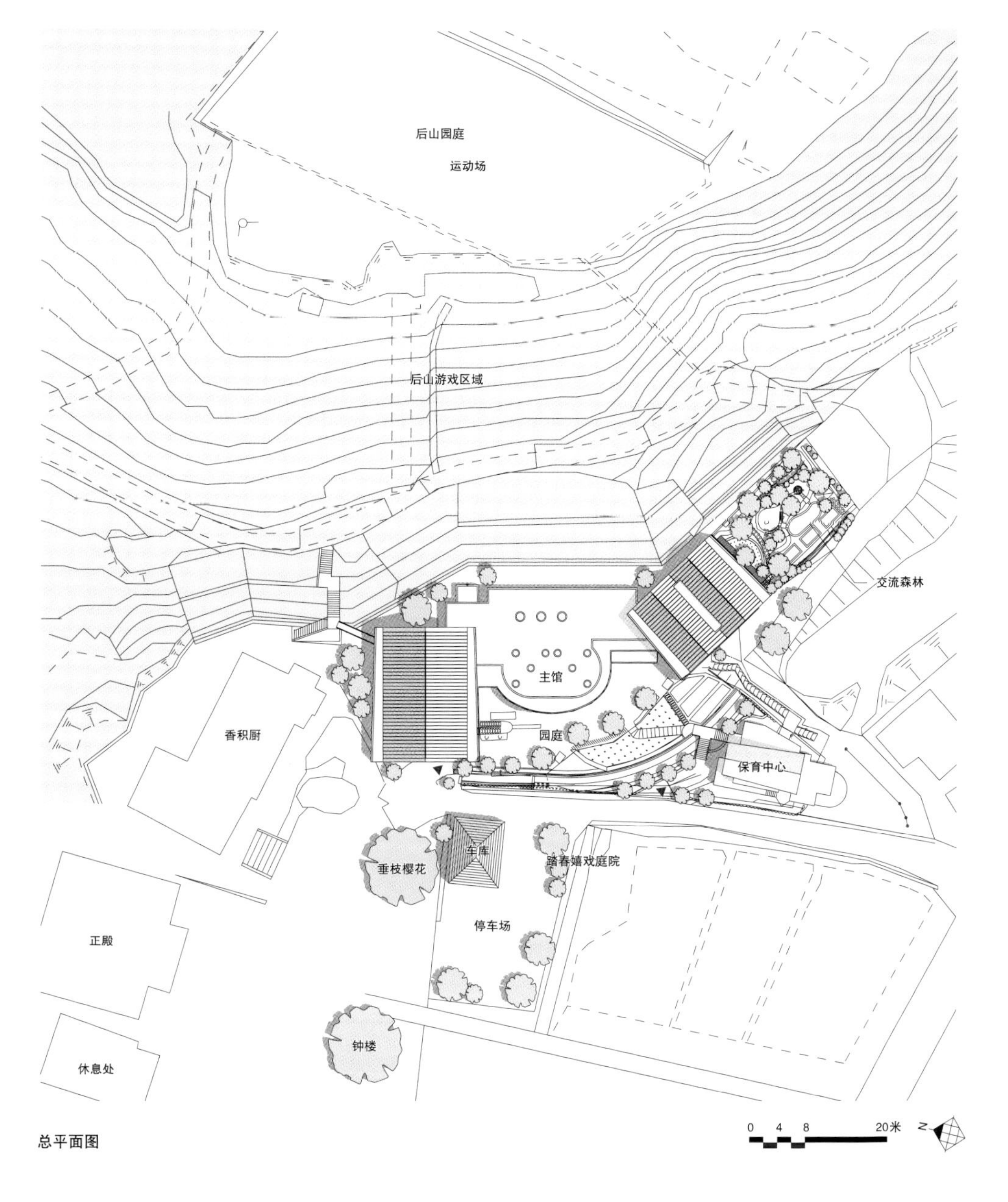

总平面图

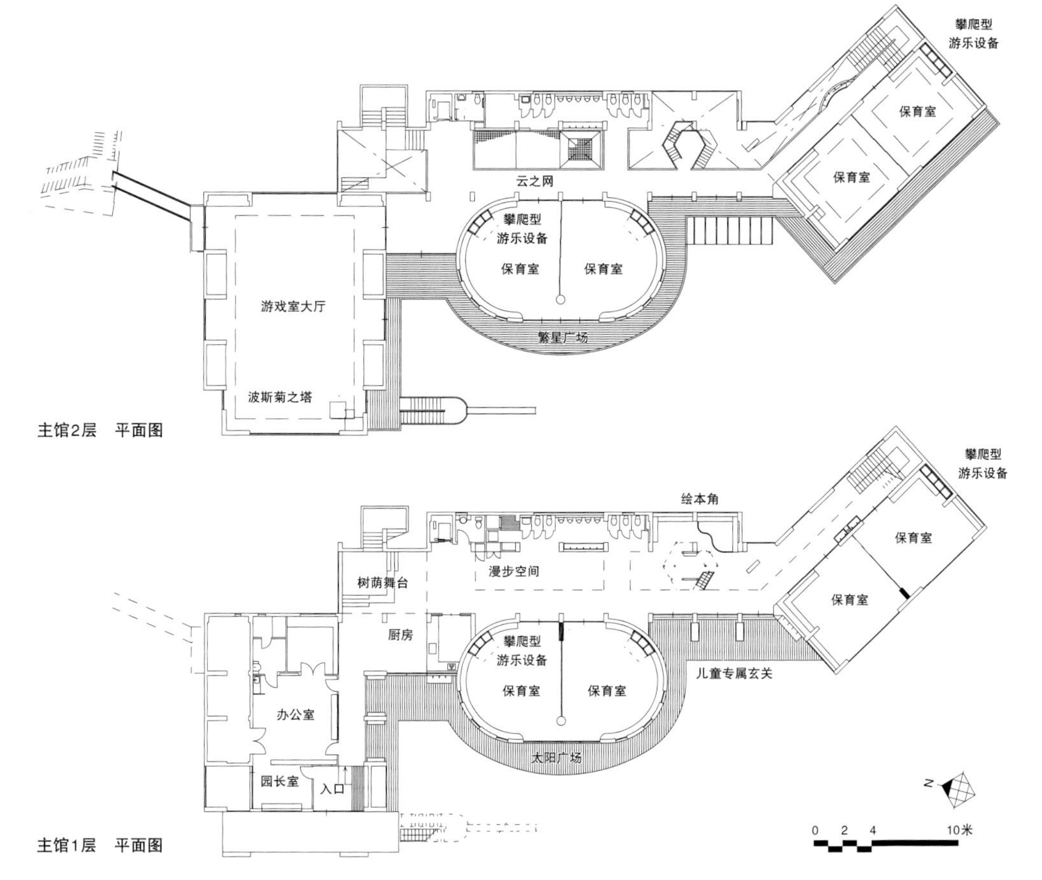

主馆2层　平面图

主馆1层　平面图

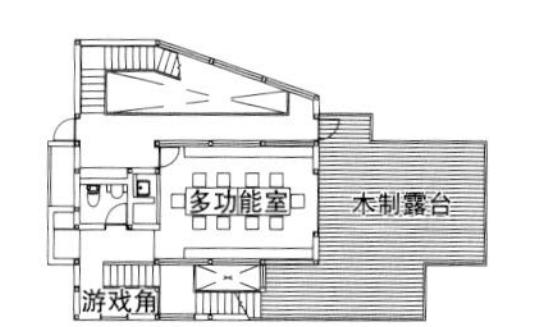

保育中心　2层平面图

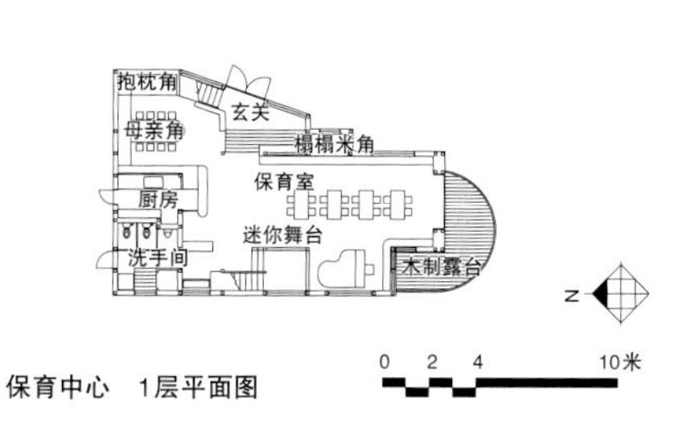

保育中心　1层平面图

## [设施数据]

**地址：**福岛县磐城市后田町石田34
**建筑所有人：**学校法人　宝德学园　宝德幼儿园
**建筑、环境设计：**环境设计研究所
（浅井、户部*、仙田考*）
**结构设计：**金箱构造设计事务所
**设施设计：**日永设计
**施工：**西松建设（主馆）
常磐开发（保育中心）
东洋建设（室外改建）
**结构：**钢混结构、部分钢结构（主馆）
木结构（保育中心）
**层数：**地上2层
**占地面积：**7159平方米
**建筑面积：**815平方米（主馆）
102平方米（保育中心）
**延床面积：**1110平方米（主馆）
159平方米（保育中心）
**竣工日期：**2000年（保育中心）
2002年6月（主馆）
2013年3月（室外改建）

## [设施概要]

宝德幼儿园位于磐城市郊外的某住宅区内，属于寺庙办学，秉持家校携手培养健康孩子的教育理念。园舍采用斜度平缓的山形墙屋顶，与寺庙和山峦景观相协调，打造家一般的建筑空间。同时还在屋顶上架桥，可以直通后山，与后山的游戏场地共同构成一整片“宝德农场”，包含众多斜坡，可以让孩子们充满活力地尽情玩耍。

入园主路两侧园庭的石砌挡土墙建于数十年前，在“3·11日本地震”中大部分损毁，此外，园庭的大部分、大量树木与花坛、生态园也受损严重。为修复园庭挡土墙，同时新开辟了接触自然的庭院（包含生态园、菜园等），保证孩子们通过户外的绿色，在保育、游戏和交流中了解自然、环境和生命，茁壮成长。

# 港区立饭仓保育园、学龄前儿童俱乐部

东京都港区东麻布

| 该园种类 | 竣工年份 | 园地面积 | 游环结构（园舍） | 游环结构（园庭） |
| --- | --- | --- | --- | --- |
| 复合型（保育园） | 2007年 | 2500平方米以下 | 内环结构 | 园庭、园舍融合型 |

这幢建筑地下1层、地上5层，将保育园和学龄前儿童俱乐部合二为一。

屋顶是木质露台，有植物和菜园，环境优美。夏季人们还会在这里搭建组装式泳池。

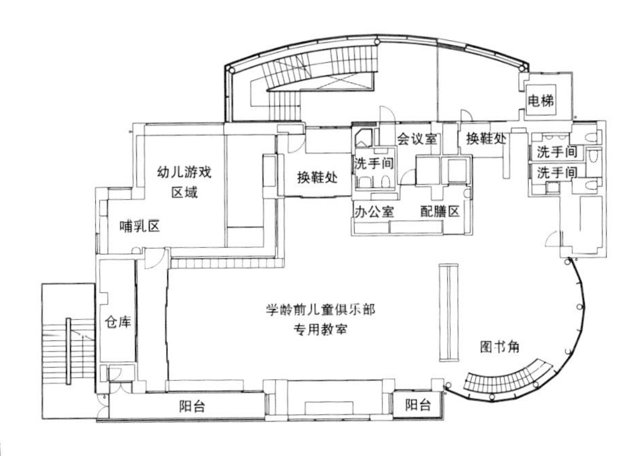


3层平面图

## [设施数据]

**地址：**东京都港区东麻布1-21-2

**建筑所有人：**港区

**建筑、环境设计：**环境设计研究所（井上*、浅井、佐佐木*、中川、仙田考*）

**结构设计：**金箱构造设计事务所

**设施设计：**口永设计

**施工：**合田、松鹤建设企业联合体

**结构：**钢结构　钢混结构

**层数：**地下1层、地上5层

**占地面积：**570平方米

**建筑面积：**419平方米

**延床面积：**1996平方米

**竣工日期：**2007年3月

## [设施概要]

本园位于东京都的市中心，是公立保育园和学龄前儿童俱乐部的结合体。负一层至2层为保育园，3～4层属于学龄前儿童俱乐部，5层的屋顶广场则设置了保育园可组装泳池（仅在夏季使用）、木质露台以及菜园。北侧入园口采用全面悬墙，敞开怀抱欢迎孩子们入园。南侧面朝公园方向建有阳台和大型悬墙出入口，直接取景公园绿化，同时温柔守望着在公园内嬉戏的孩子。

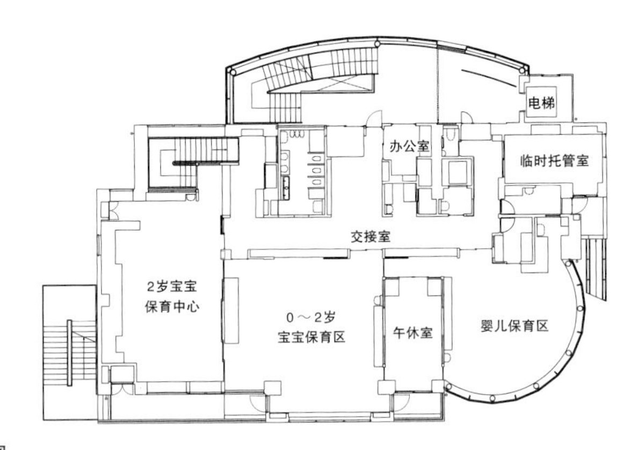


2层平面图

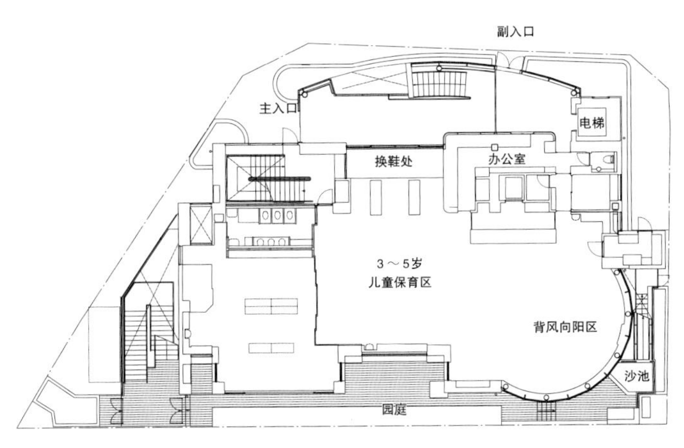


1层平面图

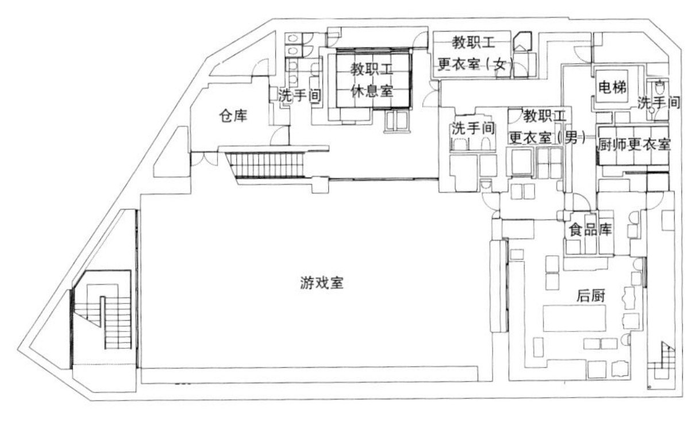


地下1层平面图

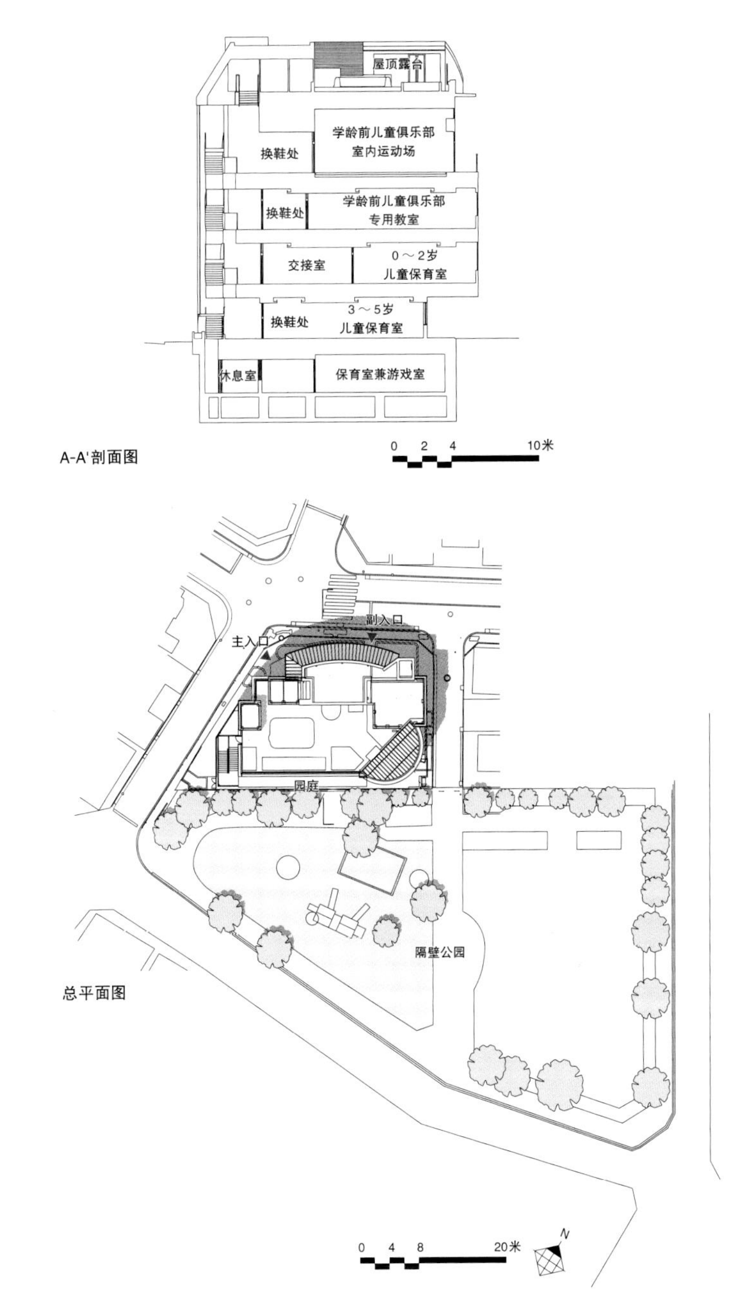


A-A'剖面图

总平面图

# 名古屋文化学园保育专科学校　名古屋文化幼儿园

爱知县名古屋市东区白壁

| 该园种类 | 竣工年份 | 园地面积 | 游环结构（园舍） | 游环结构（园庭） |
|---|---|---|---|---|
| 复合型（幼儿园） | 2012年 | 5000平方米以上 | 外环结构 | 园庭、园舍融合型 |

午餐室面向内院敞开，孩子们可以感受着季节的变换就餐。

幼儿园和保育专科学校之间通过中庭广场连接，以一种舒缓的方式将专科学校的学生和孩子们联系了起来。

室内进行了精心的设计，保证专科学校的学生可以在不影响实际保育工作的情况下进行观察和实习。

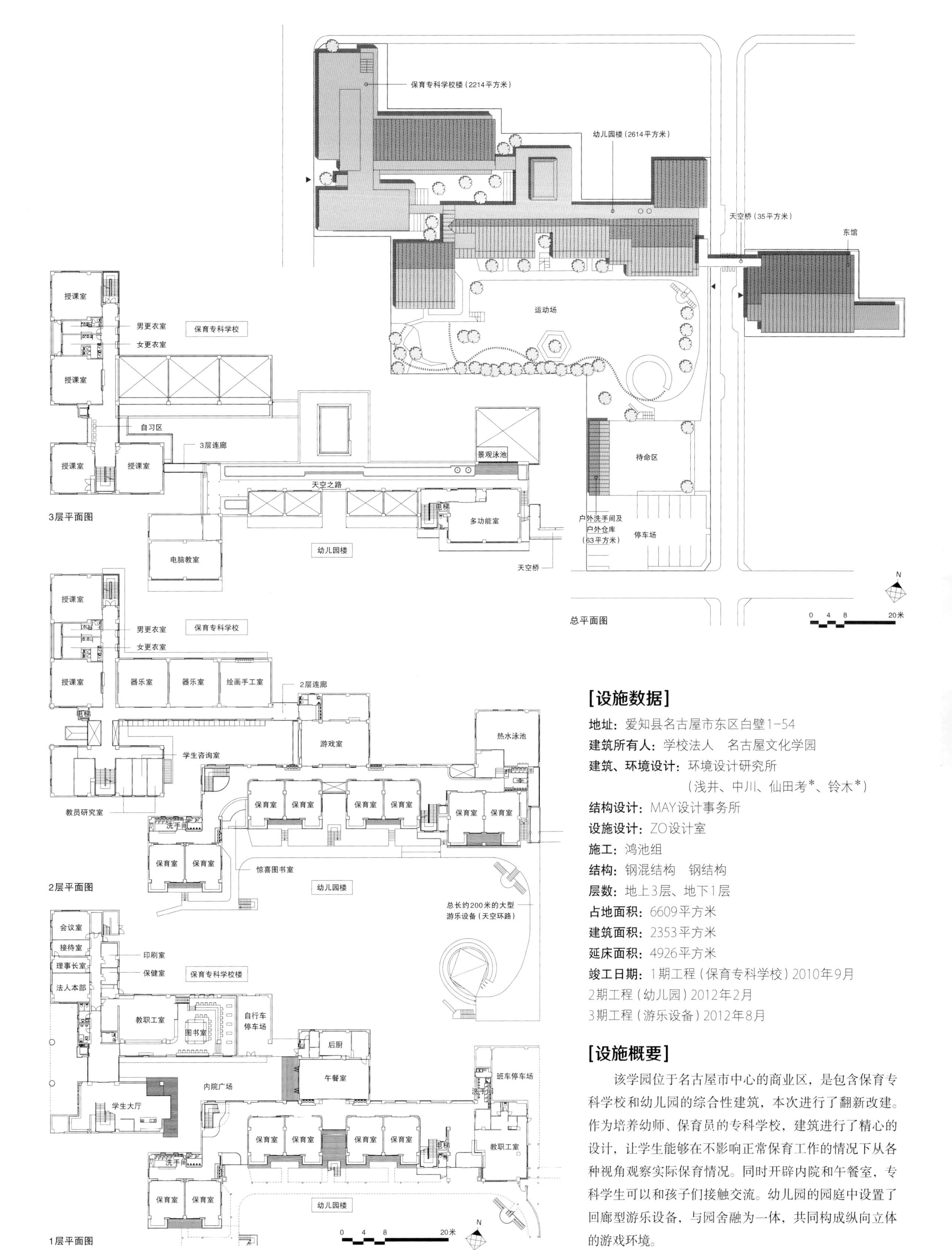


## [设施数据]

**地址：** 爱知县名古屋市东区白壁1-54

**建筑所有人：** 学校法人　名古屋文化学园

**建筑、环境设计：** 环境设计研究所

（浅井、中川、仙田考*、铃木*）

**结构设计：** MAY设计事务所

**设施设计：** ZO设计室

**施工：** 鸿池组

**结构：** 钢混结构　钢结构

**层数：** 地上3层、地下1层

**占地面积：** 6609平方米

**建筑面积：** 2353平方米

**延床面积：** 4926平方米

**竣工日期：** 1期工程（保育专科学校）2010年9月

2期工程（幼儿园）2012年2月

3期工程（游乐设备）2012年8月

## [设施概要]

该学园位于名古屋市中心的商业区，是包含保育专科学校和幼儿园的综合性建筑，本次进行了翻新改建。作为培养幼师、保育员的专科学校，建筑进行了精心的设计，让学生能够在不影响正常保育工作的情况下从各种视角观察实际保育情况。同时开辟内院和午餐室，专科学生可以和孩子们接触交流。幼儿园的园庭中设置了回廊型游乐设备，与园舍融为一体，共同构成纵向立体的游戏环境。

# 泉山幼儿园育儿咨询楼
# 点点花园（TENTEN GARTEN）

京都市东山区泉涌寺山内町

该园种类
复合型（幼儿园）
竣工年份
2015年
园地面积
5000平方米以上
游环结构（园舍）
内外环结构
游环结构（园庭）
环状园庭型

育儿咨询楼与幼儿园之间通过连廊连接，是一个特殊的场所。

这里有家的温馨、亲子的温暖，这里也是母亲们的交流场所。

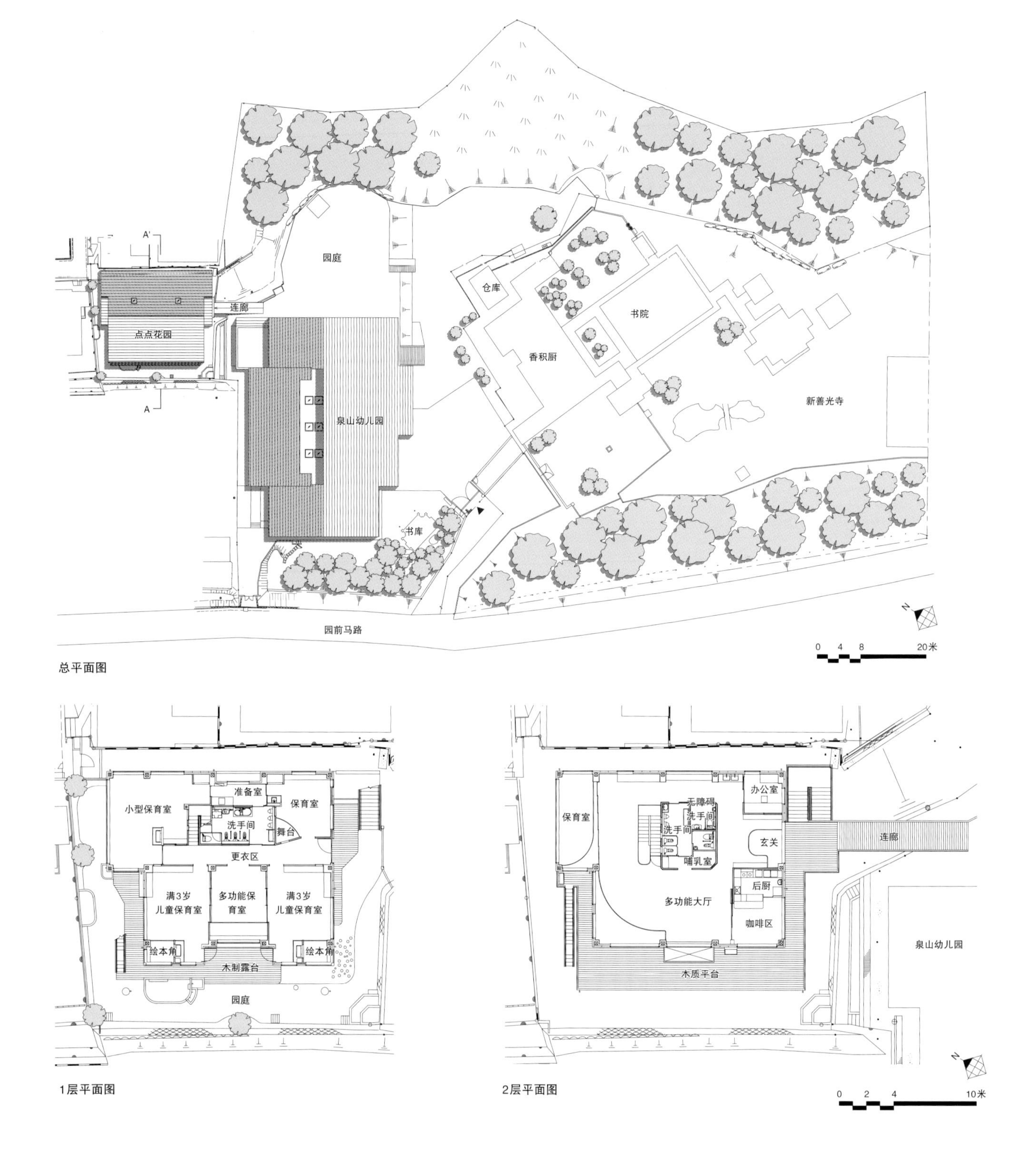

总平面图

1层平面图

2层平面图

## [设施数据]

**地址：**京都市东山区泉涌寺山内町21
**建筑所有人：**学校法人　泉涌学园
**建筑、环境设计：**环境设计研究所（斋藤义、井上*、中川、佐藤文*）
**结构设计：**饭岛建筑事务所　**设施设计：**ZO设计室
**施工：**田中公务店　**结构：**钢结构　**层数：**地上2层
**占地面积：**6668平方米　**建筑面积：**270平方米
**延床面积：**449平方米　**竣工日期：**2015年11月

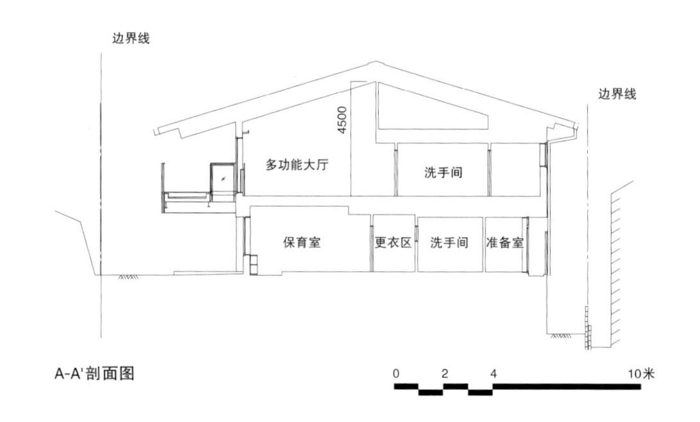

A-A'剖面图

## [设施概要]

本设施被用作泉山幼儿园的育儿咨询楼。

1层设置了1～2岁宝宝小型保育室、满3岁儿童保育室，2层的大厅则用作亲子上学咨询中心、放学后临时托管区域，为宝宝们和全天在校的孩子们创设一个像家一般温馨的园舍环境。

# 保育园环境
# 激发孩子们的无限潜力

## 仙田满率领环境设计研究所倾情打造的园庭、园舍

# 园庭和园舍决定孩子们的游戏环境

我开始研究儿童游戏环境的契机有二，一是设计宫城县立儿童会馆的巨型游乐设施，二是参与设计神奈川县的“儿童王国”。

约45年前，我受委托设计游乐设施，彼时我不懂什么才是好的游乐设施，想着自己觉得好玩的，孩子们也一定喜欢。最后的成果就是宫城县立儿童会馆的“道之巨型游乐设施”。然而我在儿童学会上发表这一成果时，一位老教授反问道：“仙田先生，游乐设施是否反而限制了儿童的游戏？”对此我答不上来，根本无从辩驳。为寻找答案，我踏上了研究之路。

大学毕业后，我进了一家设计事务所，接手的第一个项目是设计“儿童王国”内的林间学校。“儿童王国”横跨东京与横滨，占地100公顷，属于国家建筑项目。项目基于“把山野嬉戏的空间还给孩子”的理念，构想了一个大型儿童自然游乐园。我在那里常驻了约有一年半时间。得益于此，26岁的我再次被委任设计儿童游乐设施。当时我已经独立出来，年轻气盛、设计意愿强烈的我马上就接受了委任。但具体如何设计制作，却一时没有头绪。

我接手“儿童王国”的工作是在20岁出头的时候。在那之前15年，同样在神奈川县横滨市矢张丘陵地带的保土谷，我度过了我的童年。我和“儿童王国”的孩子们相差仅十五岁左右，但他们嬉戏时候的模样，却和我儿时全然不同。于是在1970年初，我萌生了一个想法，先调查儿童游戏环境的变化，然后针对儿童游戏环境中的必备设施、游乐设施的必要性和必备要素展开研究。

1972年，我担任日本大学艺术专业居住环境设计方向的临时讲师，提出了幼儿游乐设施设计课题。

同一时期，我创办的设计事务所“环境设计研究所”开始在横滨自主研究儿童游乐环境的变化。之所以选择横滨，一方面是受到横滨市的委托展开绿地和公园调查研究，最主要的理由是因为我生于横滨、长于横滨，将横滨作为研究对象再合适不过。我比较了我童年时期（1955年前后）与1975年前后的儿童游戏空间变化情况，结果显示儿童游戏空间减少了二十分之一。我将这一结果整理成论文，提交至日本建筑学会。

1975年，我十分幸运地获得了丰田财团的研究资助，因此我才得以继续推进各项研究，譬如儿童游戏原始景象的研究、全日本儿童游戏环境变化的研究、游乐设施中的儿童行为研究等。

这些研究的成果先后发表在建筑学会、庭园营造学会、城市规划学会、幼儿保健协会等的会刊上，并于1982年集结成学术论文集《儿童游戏环境相关构造研究》，1984年由筑摩书房出版社出版，书名为《儿童的游戏环境》。

此后，我将研究活动的中心转移到大学，与名古屋工业大学、东京工业大学、庆应义塾大学、爱知产业大学、放送大学、国士馆大学等联合开展研究，30多年来一直与年轻的学者们一起研究儿童的成长教育环境。

在此期间，我意识到儿童环境的问题不仅是城市

和建筑的问题，还涉及与儿童相关的多个学术领域，需要多方一起探讨研究，因此我在2004年成立了儿童环境学会，以期打造一个各方共同探讨的平台。

日本学术会议上，为确保向政府提交综合全面的儿童相关政策意见，我于2007年举办了联合小组会，召集了第1部人文科学、第2部生命科学、第3部土木工学和建筑学相关领域的委员会，各领域打通隔阂展开讨论。小组会已向政府提出了4条建议，包括“改善我国儿童成长教育环境——成长教育空间的课题和提议”。

现在我仍然在与国士馆大学的学生们一起，研究街区公园、游戏公园的利用方式，研究园庭环境与儿童运动能力的关联等课题。现在我关心的是幼儿园、保育园的园庭环境与儿童意识之间的关系。环境设计研究所一直以来设计了大量的儿童空间，并通过后续随访观察孩子们在建筑空间内的行为变化，获得了许多一手资料。

我在学会会议上发表儿童游戏环境、成长教育环境相关的研究成果，也出版了较多书刊，同时也积极通过学术会议、建筑学会、儿童环境学会来建言献策，发表了空间设计指导标准的论文。本书在参考文献处列出，以供参考。

# 在游戏中培养能力

### 道路空间

道路空间是一个接触交流的空间，串联起了各种各样的游戏地点，构成一张网络。过去，道路空间甚至被当成开放空间，而如今，各类滑行游戏引领了这一空间的主流风潮。

### 在游戏中培养的能力

游戏显然不是一项有目的性的活动，孩子们并不是为了获得什么而去游戏。可以说孩子们的游戏是一种无目的性的、无偿的行为。然而正是在游戏中，孩子的某些能力可以得到锻炼。

首先是身体机能，即运动能力、体力。对儿童而言，游戏是一项身体运动，儿童一天可以走走跑跑约一万七千步，同时还会进行悬垂、钻洞、跳跃、攀登、滑行等各种全身性运动，锻炼身体的敏捷性、爆发力、旋转力、攀登力等。

其次是社会性，孩子们在游戏中学会如何交朋友。美国作家罗伯特·弗格汉姆（Robert Fulghum）在1988年出版的《生命中不可错过的智慧》一书中这样说道："和朋友快乐游戏、即便吵架了也能马上和好，这些都不是在大学或研究生期间学到的，而是在幼儿园的游戏中掌握的。"这句话可以说一语道出了游戏在培养社会性上所发挥的作用。

第三点是感性。尤其是在自然中游戏时，孩子们与大自然接触，感受自然的变化，发现自然的美丽。或者接触到一些动物，直接感受到动物的生与死、喜和悲。从收集橡果、采摘鲜花的过程中，孩子们感受到了快乐与满足，培养起了感性认知。通过这样的一些游戏，孩子们的感受能力和情绪性顺利形成。

第四点是创造性。孩子大多喜欢创造一些东西。搭积木、玩沙子、给自己搭一个秘密基地等，都属于创造性行为。英国动物学家德斯蒙德·莫里斯（Desmond Morris）在他的著作《人类动物园》中，通过小黑猩猩的实验，论证了"游戏带来的好处之一就是挖掘创造性"。

最后一点是挑战性。儿童通过游戏思考并培养挑战性和欲望。

上述的5种能力不是展现游戏有用论的论据，而是孩子们通过游戏切切实实获得的能力。反过来说，如果一个孩子不会玩、不能玩，那么他就等于被剥夺了开发这些能力的权利。

### 游戏环境的4大要素

年幼的孩子，他们的大部分时间在游戏中度过。因此对孩子们而言，游戏环境几乎就等于成长教育环境。而游戏环境则由以下4大共同要素构成。

第1是游戏空间。以往的游戏场所一般分为园庭、校园、公园、空地、神社等地。上述所有的物理环境统称为游戏空间。

第2是游戏时间。对孩子们来说，拥有自由游戏的时间非常重要。光有游戏场所却没有游戏时间那也是空谈，或者和好朋友的游戏时间不一致，同样无法快乐游戏。然而近年来，孩子们的游戏时间逐渐呈现碎片化倾向。

第3是游戏伙伴，或者说是游戏团体也不过分。孩子们的游戏需要伙伴，有时候伙伴还会教自己新的游戏。近年来，独生子女增多，小区里呈现少子化倾向，孩子们的游戏伙伴愈发少了。

## [6大游戏空间]

**秘密空间**

秘密空间是指衣橱、角落、桌子下等狭小隐秘的空间。允许孩子拥有不为大人所知的独立空间，可以培养孩子的独立心理和计划性，促进孩子心理的成长。

**游乐设备空间**

游乐设备空间。游乐设备虽然是人工的产物，但孩子可以自己动手或者与大人一起合作，脱离物品原先的用途，将其变为另一种游乐设备，譬如巨大的钢筋混凝土管。

**开放空间**

开放空间是指允许孩子们尽情奔跑的宽敞空间。孩子们通常需要一个可以挥洒全部活力和精力的宽阔空间，通常集体活动会在此举行。

**自然空间**

自然空间是游戏空间中最基本、最重要的空间。孩子们可以在这里感受自然的变化、了解动物的生死、感知生命。采摘收集游戏是这一空间的专属项目。

**无序空间**

无序空间是指类似废旧材料堆放处或工地一样混乱的空间。相比收拾齐整的空间，混乱的空间更能够激发孩子的创造力。

第4点是游戏的方式。游戏的方式有时会极大地影响游戏环境。没有合适的方式游戏就无法代代延续、推陈出新，有了合适的方式游戏才能顺利进行，这在集体游戏中体现得尤为明显。游戏的方式通过孩子们的团体代代相传，然而20世纪60年代的电视普及和80年代电视游戏的诞生无疑极大地改变了游戏的方式。

### 6大游戏空间

从表象来看，儿童的游戏场所可以罗列出园庭、校园、公园、神社等种类。然而这只是单纯地表示物理环境，并不能展现出孩子们的游戏内容和方式。因此这里要介绍的6大游戏空间，不是物理空间，而是根据儿童的游戏行为划定的实体空间。

譬如，公园的空间大小并无定数，既有300平方米的儿童公园，也有100公顷的普通公园，但以往的分类方式都将其归为公园一类。好比100公顷的普通公园里可能包含了各种各样的空间，可能有小路、大草坪、棒球场地、树林、水池、游乐设备等。而按照实体游戏空间的划分方式，则这个公园可以分为4种空间，分别是道路空间、开放空间、自然空间、游乐设备空间。

将游戏空间的名称从园庭、公园、神社等物理性的名称中解放出来，划分为6大实体空间，也就是说一改以往的表象分类方式，改用实体划分方式进行重新分类。

# 紧跟游戏环境的变化

### 游戏环境恶化的负循环

游戏环境的4大要素（空间、时间、方式、集体）相互影响，整体逐渐缩小或恶化。越来越多的孩子不再热衷于游戏，而是满足于现状。

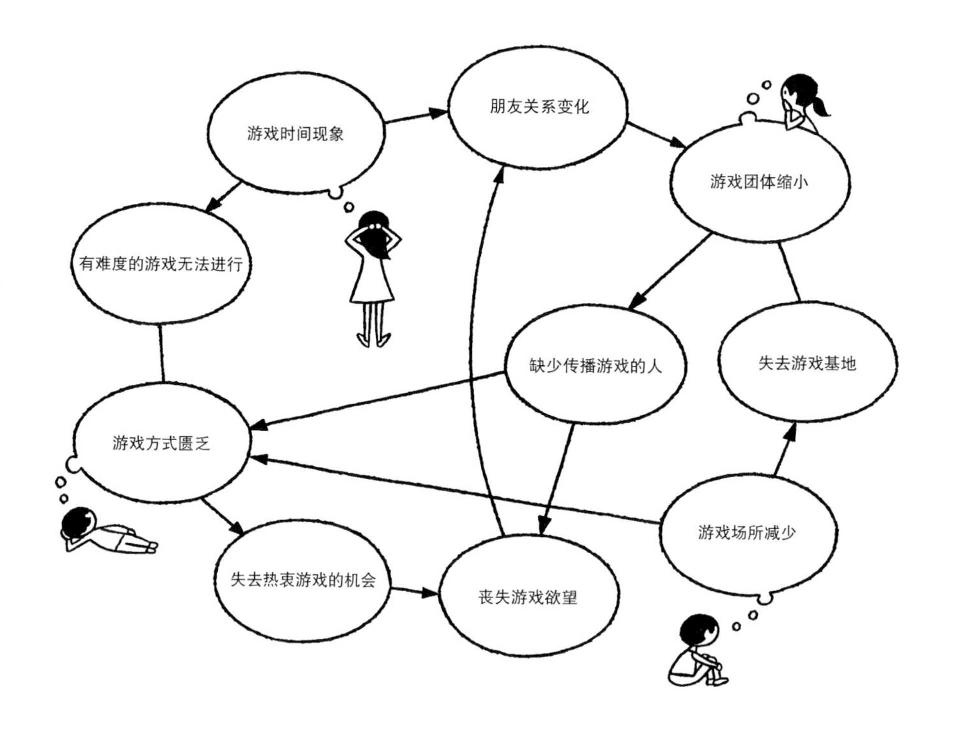


### 游戏环境变化带来的影响

最近六七十年间，随着社会和城市的变化，游戏环境也相应发生了巨大的变化。

近六十年来，游戏空间逐渐缩小。其中一个重要的原因就在于以汽车、电视机为代表的生活工具的变化。20世纪60年代随着汽车的普及，道路上不再可以玩耍，道路连接的各类游戏空间因此被隔开，孩子们的游戏空间急剧减少。此后电视机的诞生又推动了游戏的室内化。20世纪80年代，电视游戏乃至后来的手机、个人计算机等开始普及，孩子接触网络媒体的时间猛增，在户外与伙伴玩耍、运动的时间大幅度减少。据说日本儿童浏览动画的时长为世界之最。这样一来，集体游戏也更加难以进行。

社区团体的衰弱和少子化问题，导致社区内的儿童游戏团体缩小，甚至解散，传统的游戏方式无法得到传承，孩子们对户外游戏的热情也相应减退。欧美国家会设立地区运动俱乐部等团体设施，组织开展社区活动。但日本这方面的设施仍未完善，学校活动占据了孩子们大量的课后时间。更有甚者，儿童的生活方式受到大人的影响，逐渐变为“夜猫子”型，睡眠时间减少，对儿童的健康发育产生巨大的影响。

在这样的情况下，幼儿园、保育园等幼儿设施的园内环境的重要性愈发凸显。脑科学研究表明，8岁前儿童中枢神经系统的开发已经完成90%，由此可见，度过这段时期的幼儿园、保育园的游戏环境对于儿童成长教育而言是多么重要。为了保证儿童的健康成长，形式多样、内容丰富的园庭也十分重要。

另一方面，幼儿园、保育园现在由于“小孩子的声音太吵”，被列为不受欢迎建筑，但一个无法保障儿童游戏环境的国家是没有将来的。为了推动国民加深理解儿童成长教育环境，国家有必要开展“儿童第一运动”，推动形成高质量的游戏环境、成长教育环境，推动构建社会体系，两措并举。

### 野中保育园

## 富有智慧的半管理空间

——盐川寿平（大地保育研究所所长、静冈县立大学原教授）

保育园建于1953年。原址是盐川家族的房屋，盐川家族是旧时的村长。米仓被建成了第一间园舍，随后库房和主屋也改成了保育室。1972年，我们请仙田先生改建老朽的园舍，“野中小恐龙”就建于那时。在当时，保育园园舍基本还是被归为学校建筑，因此“野中小恐龙”一眼就能让人明白这是专为幼儿设计的园舍，是一件十分了不起的事情。

园舍内设置了许多游戏空间。设计最初是打算将整座建筑打造成游乐设备，所以在室内设置了攀爬棒、可以做游戏的小楼梯等。各种有关游乐设备的主意就像经过酵母发酵一般膨胀，最终诞生了一座巨大的游戏型园舍。

另一点令人叹服的是，仙田先生在建筑中设计了悬空回廊、阳台等可以安静思考的空间，这在集体教育中是非常少见的建筑理念。通常的建筑都设计成一目了然的形式，方便老师管理。但是孩子们在集体中吵吵嚷嚷地游戏，时间一长必然会感到疲惫。有时候孩子可能会想要一个人独处，或是三两个人静静地聊天、看绘本，却没有合适的空间。也许有人会认为这样一来就看不到孩子了，但其实只要孩子哭闹了也立马就能找到。我称这种空间为“半管理空间”，即不完全隐蔽的空间。譬如说孩子在悬空回廊上坐下来就看不见他了，但一站起来立马就能看到他的身影。这一类型的空间对于培养孩子的主体性和自发性是非常重要的。

利用单层建筑自由掌握层高，这种被称为“仙田美学”的空间的丰富性，让孩子表现出了超乎想象的游戏天性，大人也因此不再呆板沉闷。老师、家长也开始向孩子学习，自然而然地提高了保育的水平。仙田先生的建筑超越了幼儿管理的理论，让儿童、家长、老师一起成长，这是十分富有远见卓识的。对于真正热爱孩子的人来说，这可以说是一件令人陶醉的艺术作品、文化财产。（谈话）

### 椙山女子学园大学附属幼儿园、保育园

## 推动保育一体化

——森栋公夫（椙山女子学园大学理事长）　三田郁穗（椙山女子学园大学附属幼儿园教导主任）

原先的园舍按照年级分开，每个年级都有自己的游戏场地。全面改建的目标就在于使所有的年级一体化。游戏室设置在全园中央，将各个建筑联通，便于有效利用中央宽敞的房间。园里的老师们一直希望孩子们能够打破年级的限制一起游戏，大班的孩子会细心照顾小班的孩子。如果有共同的空间，孩子们就能体验到不同的经历，教育上的顾虑也会少一些。园庭也是同样的情况。仙田先生拥有丰富的园庭建筑经验，会提出一些我们经营者所不曾想到的观点。比如园庭分为分年级区域和共同区域，又比如现在的阳光较强，泳池最好带有屋顶。倘若仅靠我们自己的话，可能会把泳池修建在太阳底下，并在事后悔之不及、烦恼不已。（森栋公夫理事长　谈话）

在建造过程中仙田先生提出了几条建议，其中我印象最深刻的是网状游乐设备。爬爬网设在园中央，从1层延伸到上层空间，非常具有吸引力，孩子们非常喜欢。大厅不仅可以用作仪式活动场地，也可以用作平常的游戏场地。大厅与孩子们的生活密切相连，孩子们自然而然地也增加了互相沟通、交流的机会。即便是下雨天，孩子们也可以在爬爬网上活动身体，孩子们的妈妈都十分认可这个温馨有趣的游乐设备。

园里的老师们最初接触这间新园舍的时候，产生了很多困惑。孩子们跨年级的交流既有优点也有不足。不过现在大家都习惯这种形式了：想要培养孩子们拥有开阔眼界的时候，就开放空间；想要各自在教室里安静学习的时候，就把公共空间分隔开来。（三田郁穗教导主任　谈话）

# 游环结构让孩子更爱游戏

## 让孩子茁壮成长的空间结构——游环结构

我从儿童在游乐设备上的行为表现、游戏场所的原始场景等各种角度，对如何打造让孩子茁壮成长的环境进行了研究。1982年，我基于这些研究提出了游环结构7大原则，以保障和优化孩子们的游戏空间。

1972年至1982年的十年间，我在日本大学艺术专业执教，教授的是设计课程。当时我布置了一个课题，要求学生们4到5人一组合作设计游乐设备，并置于幼儿园、保育园邀请孩子们实际体验。每年大约可做出四五件游乐设备，十年来已经有了近50件。

孩子们对于游乐设备的眼光甚高，不喜欢的便再不瞧一眼。在观察孩子们游戏行为的过程中，我发现孩子利用游乐设备进行游戏具有阶段性。譬如一名儿童在滑梯上游戏时，最初先学习如何滑，接下来则开始考虑如何滑得更快更刺激，诸如将脚挂在扶手上滑、头朝下滑、两人抱团滑等。之后又将滑梯当作捉迷藏游戏的场所。这个过程可以划分成3个阶段：学习滑梯方法的“功能性阶段”、开发新技巧以滑得更快更刺激的“技术性阶段”、集体一起游戏的“社会性阶段”。我推论，受儿童喜爱的游乐设备一般具有更易于发展至社会性阶段的特点。

基于此推论，我选取了日本大学艺术专业学生制作的游乐设备、普通公园内的游乐设备、国外进口的游乐设备等共15件进行了比较，分析什么样的游乐设备结构可以引导游戏发展到社会性阶段，总结出更便于儿童开展游戏的游环结构成立的条件，即以下7条：

（1）具备循环功能；

（2）循环通道兼具安全性和多边性；

（3）包含象征性空间或场所；

（4）包含刺激性体验部分；

（5）可以抄近道；

（6）循环设备中包含广场；

（7）整体空间为多孔结构。

以上7条是更便于儿童游戏的空间结构成立的条件，但不仅仅适用于游乐设备这样的独立装置，也适用于儿童场馆、科学馆、体育馆等建筑，甚至可以用于广场等给人们带去欢乐和活力的大型设施。

## 唤醒儿童积极性的游环结构

人们普遍认为儿童对于游戏、运动、学习的积极性其实是多元一体的。我也认为儿童对于游戏、运动、学习、创造、交流等的积极性是多元一体，或同等地位的。譬如学习积极性由以下3个循环阶段组成：第一阶段的感兴趣（Interest）、第二阶段的挑战和尝试（Challenge）、第三阶段的成功和满足（Success）。这三个阶段构成一种循环，我称其为ICS循环。

而孩子对于游戏的积极性也是如此。先是怀着“兴趣”走进游戏空间，接下来在空间内“体验和挑战”，体验到趣味之后便无缝衔接到高潮阶段的“感到满足和感激”。

**罗杰·凯卢瓦（Roger Caillois）的游戏4要素**

法国社会学者罗杰·凯卢瓦提出游戏的4要素包括“竞争、模仿、运气、刺激”。其中“刺激”是指“享受肉体或精神上短暂的恐慌状态”，滑滑梯、悬吊、跳跃、爬隧道等儿童行为都属于这一类。

从这个意义上看，游环结构可以实现唤醒孩子积极性的功能。游环结构的7大条件中，最后一条是空间为多孔结构，意思是任意一个口都可以作为空间的出入口。前提是保障孩子游戏时无拘无束、专注游戏甚至忘记时间。从抱着兴趣进入空间开始，就可以选择体验各种各样的环节，不知不觉有了越来越多的惊喜和发现，玩得上了兴头后再慢慢平静下来。能够提供这样一种体验的空间就是游环结构空间。在整个过程中，孩子们不断尝试各种体验，由此培养起他们的好奇心和挑战能力，所以说游环结构是能够唤醒孩子积极性的空间结构。

## 园庭的环境可以开发儿童的中枢神经与观察能力

我对园庭的环境和儿童运动能力的关系进行过研究。最近我与国士馆大学共同展开了一项研究，即观察小而平坦的园庭以及面积超过5000平方米、有山有斜坡的园庭对儿童运动能力的影响。研究结果显示，在两种园庭内游玩的孩子的跑步和跳跃能力并没有太大差距。但是在单腿跳能坚持的距离这一项游戏中，园庭小而平坦的园里孩子们大致能跳20～25米，而园庭宽阔且富于变化的园里孩子们则能跳200～250米，足足相差了10倍。这也反映出了平衡感、身体动作的协调性等中枢神经开发上的差异。

根据理查德·斯卡蒙（Richard Everingham Scammon）的生长模式曲线，中枢神经在8岁左右就已经完成了约90%的开发。换言之，为了保证孩子今后能够在摔倒时下意识伸手防护或转动身体，以避免严重受伤，必须在其幼儿阶段就完成对中枢神经较充分的开发。

因此园庭中需要设置斜坡，高低差约1.5米即可，斜坡的有无带来的差异是非常显著的。此外，在园舍内部也需要打造能够刺激儿童平衡感的环境。

另一方面，孩子们在用双脚丈量大地的过程中，不仅培养了运动能力，还会观察到地面上的各种变化，诸如鲜花的开放、虫子的爬动等都会让孩子感到有趣、惊奇。为了让孩子们有更多的机会在园庭、路边自由探索观察，进行园庭设计时必须创造一定的自然环境，给予孩子自由和专注的时间。

倘若儿童在8岁前没能掌握平衡感等躯体能力以及观察周围的良好习惯，那么他们今后的人生将受到巨大的影响。美国诺贝尔经济学家詹姆斯·赫克曼（James Joseph Heckman）曾有言论指出，幼儿时期的成长发育环境决定了今后的人生，并最终

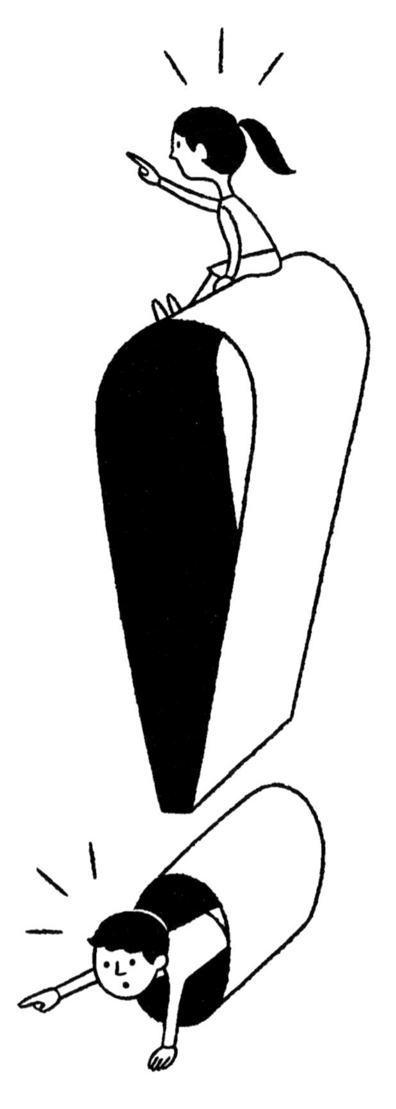

影响到国家的经济发展。因此，我们必须为儿童创设自然环境，打造丰富多样的游戏环境，保证儿童的身心都得到充分的发育。

## 游环结构与孩子的生活环境

从建筑内部空间到园庭等外部空间，再到街道、城市空间，游环结构可以让多种空间的结构更富于美感和乐趣。

### ●园舍内的游环结构

园舍内的游环结构要关注的是打造具有循环功能的、不隔断的园舍内部空间。我认为即便是保育室内，也需要分布贯穿室内的动线。园舍内的走廊这类内部空间，可以分为纵向立体循环和横向水平循环。纵向立体循环可以参见富士宫市野中保育园的“野中小恐龙”，横滨市悠悠森林幼保园则采用了横向水平循环的形式，有意识地设计了环绕园舍的空间。横滨市关东学院六浦儿童园、名古屋市的椙山女子学园大学附属幼儿园及附属保育园也都先后采用了这种形式。

### ●园庭中的游环结构

园庭如果能够与园舍从背后连接，合围成一个循环结构则是最佳。而园庭中本身需要开辟环状小径，在其中分布各种不同的体验要素。最理想的状态是将树林、菜园、花田、隧道、手工作坊、泥池、沙池等各式各样的活动场所全部串在一起。如果各个场所之间还留有高低差就更妙了。美国环境心理学者尼尔达·科斯科教授（Dr. Nilda Cosco）认为：“相比于直线型的园庭道路，环状的道路上孩子的活动可以增加22%。”园庭内开辟150～200米的富于变化的环状道路是最佳的。

### ●街道中的游环结构

儿童的生活空间不仅限于家庭和保育园、幼儿园，街道也需要为孩子们的成长提供多种类型的体验场所，创设安全、热闹、友善、自然与历史气息浓厚，且具备游环结构的街道环境。为了保障孩子们在多种多样的学习和运动过程中健康成长，大人们应该为孩子们打造亲和友善、丰富有趣的游环结构型街道。

孩子无法选择父母，同样也无法选择生活的地方。因此，监护人就有必要为孩子寻找能让他们快乐健康成长的幼儿园、保育园和街道，而是否具备游环结构就是这一选择中十分有效的参考指标。

### 认定幼保园 绿之诗保育园

## 打造亲近树木的空间

——若山清和（绿之诗保育园园长）

幼儿园自1970年开园以来已经走过了近50年，但当时在此地开设保育园是头一遭，可以说是从零开始。我的想法是幼儿园要力图营造大人也能安心沉静的氛围，而保育园则追求更具跃动感的建筑风格，让孩子们能够尽情游戏。而且我自己很喜欢自然的气息，因此想在保育园内尽可能多地使用木材。所以我在寻找建筑设计事务所的时候，主要考虑的因素是事务所是否重视孩子们在室内外的游戏场景。最后，我找到了仙田先生，拜托他来着手设计。

我当时最大的设想是，在孩子们平时生活的教室和大厅中能直接看见或者双手可以直接触碰的部分——譬如护板、地板、天花板等处尽可能使用天然材料。孩子们在家庭中无法体验到的空间，可以在保育园内得到实现。出于这点想法，我从设计阶段就同仙田先生进行了多次讨论。最后呈现的结果，诸如大厅等部分，都比我预期的要更加充实。木结构园舍的建造过程中不会使用复合木材，每一根木材都严格选用天然原木，经过精密计算后搭建而成，最终效果十分出众，令人仿佛置身树林之中。天然原木的年轮和纹理自然地呈现出来，温柔地覆盖了整个空间和空间里的孩子们。

木材会逐渐褪色，但并不是全新的木材就最漂亮，我的想法是打造一座在时光中逐渐沉淀本味的建筑物。工业化的作品也许10年后就会老化、退化，但木材反而是褪色的部分更有风韵，十几年后依然常看常新。大厅外围一圈请仙田先生设计了回廊，让游戏渗透进整个建筑。每当看到孩子们在下雨天也能照常游戏的身影，我就庆幸这个决定的正确性。（谈话）

### 港北幼儿园

## 让孩子安心舒适的场所

——渡边英则（港北幼儿园、悠悠森林幼保园园长）

对于改建前的港北幼儿园，仙田先生的评价是“最糟糕的园舍结构”。当时由于港北新城大规模开发的推进，入园儿童人数猛增，为平衡供需关系，园舍多次进行了扩建，才导致最后整体呈现出鳗鱼洞一般的狭长布局。新园舍的标志性建筑空间是大厅，大厅的落地窗全部敞开后，室内即可与木质平台相连，直通园庭，室内地板与木质平台的高度一致，晴天的时候尤其让人觉得心旷神怡。内外相连的结构，也丰富了空间的用途。由于这片空间十分舒适，所以保育室离得较远的3岁孩子们也会自发地跑过来玩耍，这座大厅好像成了广场。有很多幼儿园不允许孩子们在大厅游戏，因为大厅是老师的盲区。但在这里，园庭和园舍合为一体，从园庭可以清楚看到大厅的情形下，在大厅里也可以看到园庭，无论孩子在做什么都可以一眼望尽。我不禁感叹，大人觉得舒适的场所，孩子们想必也一定觉得十分自在。

我同仙田先生就大厅的设计讨论了很久。一般大厅的舞台隔断都会利用幕布来实现，但现在门窗隔扇也可以实现这一功能，将门窗一关舞台就可以作为一间房间来使用。大厅的2层是妈妈们专属的家委会室，再上方是悬空回廊。很少有木结构房屋能打造出如此巨大的空间，我认为这一点十分难得。

室内空间就足以让孩子们尽情活动，设计实在是精妙。木质的平台宽敞且安全。在上下双层互相连接的室外走廊上铺设橡胶，保证孩子们跑动时的安全性。此外还设计开辟了隐蔽小屋型的空间，充分打造游环结构。（谈话）

# 参考文献


**[日本学术会议上的提议]**

(1) 日本学術会議, 対外報告 我が国の子どもを元気にする環境づくりのための国家的戦略の確立に向けて(提言委員長 仙田 満), 2007.7

(2) 日本学術会議, 提言 我が国の子どもの成育環境の改善に向けて—成育空間の課題と提言—(提言委員長 仙田 満), 2008.8

(3) 日本学術会議, 提言 我が国の子どもの成育環境の改善に向けて—成育方法の課題と提言—(提言委員長 五十嵐 隆), 2011.4

(4) 日本学術会議, 提言 我が国の子どもの成育環境の改善に向けて—成育時間の課題と提言—(提言委員長 五十嵐 隆), 2013.3

**[著作]**

(1) 仙田 満:こどものあそび環境, 筑摩書房, 1984.09

(2) 仙田 満:あそび環境のデザイン, 鹿島出版会, 1987.11

(3) 仙田 満:こどもと住まい(上)—50人の建築家の原風景, 住まいの図書館出版局(住まい学大系32), 1990.08

(4) 仙田 満:こどもと住まい(下)—50人の建築家の原風景, 住まいの図書館出版局(住まい学大系33), 1990.08

(5) 仙田 満:Design of Children's Play Environments, New York McGraw-Hill社, 1992.03

(6) 仙田 満:子どもとあそび—環境建築家の眼—, 岩波書店, 1992.11

(7) 仙田 満:子どものためのあそび空間, 市ヶ谷出版社, 1998.06

(8) 仙田 満:環境デザインの方法, 彰国社, 1998.06

(9) 仙田 満:プレイストラクチャー, 柏書房, 1998.09

(10) 仙田 満:幼児のための環境デザイン, 世界文化社, 2001.06

(11) 仙田 満:21世紀建築の展望, 丸善, 2003.11

(12) 仙田 満:環境デザイン講義, 彰国社, 2006.06

(13) 仙田 満:環境デザイン論, 放送大学教育振興会, 2009.03

(14) 仙田 満, 渡辺篤史:元気が育つ家づくり, 岩波書店, 2005.02

(15) 日本建築学会編:Architecture for a Sustainable Future, 建築環境·省エネルギー機構, 2005.09 (pp.3, 10, 190-196, 290-292, Towards architecture for a sustainable future Kyoto Aquarena Creating a supportive environment for children To those who are concerned with architecture for a sustainable future)

(16) 仙田 満:こどものあそび環境, 鹿島出版会, 2009.06

(17) 仙田 満, 佐藤 滋:都市環境デザイン論, 放送大学教育振興会, 2010.03

(18) 仙田 満+環境デザイン:遊環構造 BOOK SENDA MAN 1000, 美術出版社, 2011.10

(19) 仙田 満, 若山 滋ほか:産業とデザイン, 放送大学教育振興会, 2012.03

# 后记 | ——重回童年 藤塚光政（摄影师）

所有例子中有两处理想桃源让我不禁心生重回童年之感。

第一处是2014年竣工的清里圣约翰保育园。

建筑风格简洁有力。在海拔超过1250米的高原上，保育园躺卧在天然树林的怀抱中，林间随处可以看见野生动物，因此也省去了自行饲养的麻烦。周边环绕的是树林和原野，因此前庭也不加修饰，虽然看着像是尚在施工，风格略显粗犷，但和树林、原野倒也相映成趣。以大屋顶广场为中心，左右建筑成90度角分居两侧，地皮略有高低差。低处留给幼儿，高处则分给年级稍高的儿童，布局简单明了，充分考虑到不同年龄段的孩子在周边环境中游戏难易度的不同要求。年纪尚小的孩子们在成长过程中慢慢知道大孩子的世界的存在，于是涌起一股憧憬和挑战之心。

将建筑空间建得小一些，一方面是考虑到供暖，另一方面保育园的活动大部分属于室外活动，因此园舍的功能更多类似于凉亭，只是进行下一项活动前休息的场所，可供孩子们在活动间歇稍事休息，或围炉闲话。

带屋顶的宽敞平台，既提供了眺望树林原野的绝佳视角，又将树林、粗犷的园庭和室内连接在一起。孩子们可以在这里做进山前的准备或是下山后的拾掇，就好像供战机起落的航母甲板一般。玄关处的大屋顶下，可以进行聚会、燃篝火、唱歌等各种活动。孩子们可以在树林间吃午饭，听起来便觉得尤比美味。在这所保育园里的每 ·天，都像是一场远足。

第二处是仙田先生的著名作品野中保育园，爱称“野中小恐龙”。这座保育园带给我的震撼是巨大的。自1972年开园以来，我去过了好多趟，但每次都感到常去常新。季节的变换、树木的生长和植物的繁盛都令人感到惊喜，接触新的游乐设备、或是观察到动物种类增加都会让人惊讶。但一直不曾改变的，是这里的理念，是这里的孩子们，是远方的富士山，是“野中小恐龙”。无论何时来看，孩子们都无拘无束。在这里，无论人类、山羊、猫咪、小猪、小龙虾，又或者树木、花草、空气、土壤、泥土、溪水、落雪，乃至小山、小屋，一切平等，万物都是野中小恐龙的好朋友。这里的孩子们从不晓得仙田满是何人物，甚至都不曾将野中小恐龙看作是建筑。在孩子们眼中，这就是一头驮着富士山的恐龙，体壮如丘，浑身墨绿，内部鲜红，体长足有40米。这座恐龙一样的建筑整体就是一个有机体，每天都充满着欢声和笑语。

快乐地度过童年时代的地方，将成为孩子们心底永远的风景。我听闻不久野中小恐龙将不复存在，不知是否能够留存下来。唯愿这里将永远留在毕业孩子们的心底。

# 后记II——以有限的预算和时间为孩子们做更多的事　仙田满

## 园舍园庭的地皮开发潜力

我收到改建或新建保育园、幼儿园的委托之后，都要去实地考察一番地皮，这时候不光只挑阳光晴好的日子，有时候下雨天去考察反而更合适。要考察地皮的开发潜力，雨天的时候更能看出水流的走向。换位思考，假如自己是小孩子，那么每天上学、放学有晴天，也必然有雨雪天、强风天。根据天气的情况可以看到地皮开发的可能性，有些地皮会比较容易积水。因此需要在不同的天气情况下多次进行实地考察。

应时常考虑周围环境与幼儿园、保育园的关系。远处可以望见怎样的山景，进出能否听见溪水的叮咚声，路上的往来车辆是否行色匆匆，孩子们早晨上学时心情如何，母亲接送孩子时又是怎样的心情，周边的居民能否接受孩子们的喧闹？如此种种，不胜枚举。我们在设计园内环境和布局时，最重要的就是换位思考，想象自己成了孩子、母亲、保育员、老师，自己将以怎样的心情走进园内。

## 园舍布局

在园舍改建过程中，有时候需要一边保留旧园舍一边修建新园舍，这时候一个重要的课题就是施工过程中的安全保障工作。不过更多的情况是在旧园舍的原址上直接新建园舍，这时候就需要搭建临时园舍，因此会多花些经费。不过园舍一旦建成便可使用五十年乃至一百年，所以到底是节约经费不建临时园舍，还是修建临时园舍以便为孩子们创建安全的环境，就需要做出选择。有时候会在旧园庭上建造新园舍，待新园舍建成后再建造新园庭。不管是哪种方式，改建或新建中最需要考量的一个问题就是建筑物的相对位置。我们的通常做法是充分考虑周边环境，制作多种模型，与委托方共同商讨后再行动工。有时候为了避免园舍的影子挡住园庭，我会多次实地考察，慎重决定建筑物的位置。此外，建筑物的层数也是一个重要的问题。建得高自然望得远，但却可能挡住周边建筑的阳光。其实让孩子们的保育环境更多地亲近大地更好，因此低层建筑是最理想的。横向延伸的空间对孩子而言十分重要。不过这都要根据地皮的特点进行充分规划。

## 园舍营建方法

对小孩子来说，室外的游戏要比室内的游戏更有利于学习，在室外孩子们可以亲身接触土壤、草木、昆虫，沐浴阳光或雨露，与动物们一起嬉戏，采一些植物果实。因此保证孩子们拥有足够的与自然对话的空间就显得十分重要。园舍的营建结构大致可以分为钢混、钢结构、木结构三大类，需要综合考虑当地的城市规划、法律条文规定、施工费用、工期等因素后才能决定。但内装尽量采用木质感的材料更适宜。木材属于多孔型材料，兼具隔热和调节温度的功能。孩子们站在地板上的时候，与地板的接触面积自然不大，但更多情况下孩子们或坐或卧，与地板的接触面积增大，因此地板的温度就变得很重要。更进一步来讲，考虑到孩子经常会在地板上摔倒，所以地板还需要具备一定的弹性。当然，室外的地面情况也会很大程度上影响孩子的游戏行为，吸引他们尝试玩泥浆或玩沙子。

孩子们在园内还将学会如何选择较小的风险，而规避较大的风险。我们研究所长期设置由第三方专家组成的安全委员会，在委员会的监督下开展设计和营建工程，从设计到施工、运营，时刻秉持安全第一的理念。我们在众多调查和研究的基础上慢慢积累方法，让孩子们能够更加健康地成长。

## 感谢各方协助

本书所列举的30例幼儿园、保育园，无一不凝聚了环境设计研究所各位负责人的心血。怎样的空间结构才能保证孩子度过幸福的童年时代，保证保育员和老师工作更方便、更舒适、更有自豪感，负责人们都会在同教育第一线的老师们仔细探讨后，再准确地传达给施工方。营建园舍和园庭经常会面临资金补助和筹措等各种困难，施工时间也相当有限。我想对面对这些风险但仍然能下定决心建造新园舍和园庭的各位人士表达我的敬意，同时也由衷感谢这期间认真负责的各施工方人员。

我们的目标是建造经用百年的建筑和环境，因此对钢混结构、钢结构和木结构的质量都进行了严格的把控。哪怕是决定建筑物色彩时，我们也会多次前往现场实地考察与周边街道的协调性，反复制作大样本后才最终敲定方案。关于标志性建筑，我们会提出多个方案，以符合当地的景观，符合幼儿园、保育园的办学理念。如此这般，我们会一项一项反复商讨确认，切实保障孩子们安全健康的成长环境。我想对在这个过程中给予大力支持的各方人士表示衷心的感谢。

在有限的预算和时间内，我们争取要呈现出最好的结果。对孩子的点滴关爱最终凝聚成实体建筑的时刻，最让人欢欣鼓舞。我有幸参与到前文众多园舍、园庭的设计和建造过程中，对于这期间与我一起思考和并付诸实践的伙伴，我不禁涌起一股并肩作战的战友之情。

本书的精彩之处在于藤塚先生富于表现力的摄影作品。在孩子眼中，这就是一本由照片串成的绘本。我期待着这样一本绘本能够唤醒孩子们游戏奔跑的欲望，让孩子更好地理解空间和环境。同时，由衷感谢世界文化社《PriPri》杂志总编饭塚友纪子女士，以及原《家庭画报》编辑部三宅晓女士在背后的支持和帮助。希望本书能对世界各国园舍、园庭的建造做出贡献。

**图书在版编目（CIP）数据**

日式幼儿园设计案例精选／（日）仙田满著；（日）藤塚光政摄影；陈慧琳译．—武汉：华中科技大学出版社，2021.6

ISBN 978-7-5680-6777-5

Ⅰ.①日… Ⅱ.①仙… ②藤… ③陈… Ⅲ.①幼儿园-建筑设计-日本-图集
Ⅳ.①TU244.1-64

中国版本图书馆CIP数据核字（2021）第027055号



**日式幼儿园设计案例精选**
Rishi You'eryuan Sheji Anli Jingxuan

[日] 仙田满 著
[日] 藤塚光政 摄影
陈慧琳 译

出版发行：华中科技大学出版社（中国·武汉）　电话：(027) 81321913
北京有书至美文化传媒有限公司　(010) 67326910-6023
出 版 人：阮海洪

责任编辑：莽　昱　刘　韬
责任监印：徐　露　郑红红　封面设计：邱　宏

制　　作：北京博逸文化传播有限公司
印　　刷：北京华联印刷有限公司
开　　本：635mm×965mm　1/16
印　　张：12
字　　数：50千字
版　　次：2021年6月第1版第1次印刷
定　　价：298.00元

华中出版
本书若有印装质量问题，请向出版社营销中心调换
全国免费服务热线：400-6679-118　竭诚为您服务